U0396941

广西优秀传统文化
出版工程

"自然广西"丛书

古树传奇

罗劲松　著

广西科学技术出版社
·南宁·

图书在版编目（CIP）数据

古树传奇 / 罗劲松著 .—南宁：广西科学技术出版社，2023.9（2023.11 重印）
（"自然广西"丛书）
ISBN 978-7-5551-1985-2

Ⅰ.①古… Ⅱ.①罗… Ⅲ.①树木—广西—普及读物 Ⅳ.① S717.267-49

中国国家版本馆 CIP 数据核字（2023）第 172728 号

GUSHU CHUANQI

古树传奇

罗劲松 著

出 版 人：梁 志	装帧设计：韦娇林 陈 凌
项目统筹：罗煜涛	美术编辑：韦宇星
项目协调：何杏华	责任校对：吴书丽
责任编辑：饶 江	责任印制：书文印

出版发行：广西科学技术出版社
社　　址：广西南宁市东葛路 66 号
邮政编码：530023
网　　址：http://www.gxkjs.com
印　　制：广西昭泰子隆彩印有限责任公司

开　　本：889 mm×1240 mm　1/32
印　　张：6
字　　数：130 千字
版　　次：2023 年 9 月第 1 版
印　　次：2023 年 11 月第 2 次印刷
书　　号：ISBN 978-7-5551-1985-2
定　　价：36.00 元

总序

　　江河奔腾，青山叠翠，自然生态系统是万物赖以生存的家园。走向生态文明新时代，建设美丽中国，是实现中华民族伟大复兴中国梦的重要内容。

　　进入新时代，生态文明建设在党和国家事业发展全局中具有重要地位。党的二十大报告提出"推动绿色发展，促进人与自然和谐共生"。2023 年 7 月，习近平总书记在全国生态环境保护大会上发表重要讲话，强调"把建设美丽中国摆在强国建设、民族复兴的突出位置"，"以高品质生态环境支撑高质量发展，加快推进人与自然和谐共生的现代化"，为进一步加强生态环境保护、推进生态文明建设提供了方向指引。

　　美丽宜居的生态环境是广西的"绿色名片"。广西地处祖国南疆，西北起于云贵高原的边缘，东北始于逶迤的五岭，向南直抵碧海银沙的北部湾。高山、丘陵、盆地、平原、江流、湖泊、海滨、岛屿等复杂的地貌和亚热带季风气候，造就了生物多样性特征明显的自然生态。山川秀丽，河溪俊美，生态多样，环境优良，物种丰富，广西在中国乃至世界的生态资源保护和生态文明建设中都起到举足轻重的作用。习近平总书记高度重视广西生态文明建设，称赞"广西生态优势金不换"，强调要守护好八桂大地的山水之美，在推动绿色发展上实现更大进展，为谱写人与自然和谐共生的中国式现代化广西篇章提供了科学指引。

生态安全是国家安全的重要组成部分，是经济社会持续健康发展的重要保障，是人类生存发展的基本条件。广西是我国南方重要生态屏障，承担着维护生态安全的重大职责。长期以来，广西厚植生态环境优势，把科学发展理念贯穿生态文明强区建设全过程。为贯彻落实党的二十大精神和习近平生态文明思想，广西壮族自治区党委宣传部指导策划，广西出版传媒集团组织广西科学技术出版社的编创团队出版"自然广西"丛书，系统梳理广西的自然资源，立体展现广西生态之美，充分彰显广西生态文明建设成就。该丛书被列入广西优秀传统文化出版工程，包括"山水""动物""植物"3个系列共16个分册，"山水"系列介绍山脉、水系、海洋、岩溶、奇石、矿产，"动物"系列介绍鸟类、兽类、昆虫、水生动物、远古动物、史前人类，"植物"系列介绍野生植物、古树名木、农业生态、远古植物。丛书以大量的科技文献资料和科学家多年的调查研究成果为基础，通过自然科学专家、优秀科普作家合作编撰，融合地质学、地貌学、海洋学、气候学、生物学、地理学、环境科学、历史学、考古学、人类学等诸多学科内容，以简洁而富有张力的文字、唯美的生态摄影作品、精致的科普手绘图等，全面系统介绍广西丰富多彩的自然资源，生动解读人与自然和谐共生的广西生态画卷，为建设新时代壮美广西提供文化支撑。

八桂大地，远山如黛，绿树葱茏，万物生机盎然，山水秀甲天下。这是广西自然生态环境的鲜明底色，让底色更鲜明是时代赋予我们的责任和使命。

推动提升公民科学素养，传承生态文明，是出版人的拳拳初心。党的二十大报告提出，"加强国家科普能力建设，深化全民阅读活动"，"推进文化自信自强，铸就社会主义文化新辉煌"。"自然广西"丛书集科学性、趣味性、可读性于一体，在全面梳理广西丰富多彩的自然资源的同时，致力传播生态文明理念，普及科学知识，进一步增强读者的生态文明意识。丛书的出版，生动立体呈现八桂大地壮美的山山水水、丰盈的生态资源和厚重的历史底蕴，引领世人发现广西自然之美；促使读者了解广西的自然生态，增强全民自然科学素养，以科学的观念和方法与大自然和谐相处；助力广西守好生态底色，走可持续发展之路，让广西的秀丽山水成为人们向往的"诗和远方"；以书为媒，推动生态文化交流，为谱写人与自然和谐共生的中国式现代化广西篇章贡献出版力量。

"自然广西"丛书，凝聚愿景再出发。新征程上，朝着生态文明建设目标，我们满怀信心、砥砺奋进。

触摸古树年轮

阅读图文资讯，感受年轮
记录的悠久历史

拓宽阅读视野

出版社品质好书推荐，
完善你的知识地图

聆听传奇之声

配套诵读音频，在声音中
走进古树的世界

感受壮美广西

音视频资源，带你领略
大美广西的无穷魅力

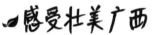

遇见八桂古树

与自然共鸣 与历史对话

微信/抖音扫码

目录

综述：参天一树仰古今 / 001

大山瑰宝 / 009

"杉霸公"神秘现身 / 010

"铁君子"守护八角田 / 018

仰望望天树 / 024

圣堂"平安树" / 030

龙袍加身的坡垒 / 034

山中榔榆乐逍遥 / 042

乡野神灵 / 053

最美"蚬木王" / 054

大榕树下忆三姐 / 062

榕津"十秀" / 066

敬畏南酸枣 / 074

"毒树"见血封喉 / 080

古樟守古道 / 086

"荔王"的身价 / 092

白果之王 / 098

古树吞碑 / 106

拯救濒危膝柄木 / 114

由苦及甜"苦丁王" / 122

龙爪伴龙门 / 128

"恋瑶"的粘膏树 / 134

城市地标 / 141

榕城古荫 / 142

邕城地标"大树脚" / 150

劫后余生喙核桃 / 156

重振雄风"苏铁王" / 162

菩提本无树 / 170

"五子登科"催生圣文园 / 178

后记 / 184

综述：参天一树仰古今

　　古树，历经千百年风风雨雨，记录了大自然的演化进程，见证了人世间的岁月沧桑，它们是"活着的化石""活着的文物"。

　　广西地处祖国南疆，西接云贵高原，南临北部湾，自北向南跨越中亚热带、南亚热带和北热带三个气候带。在充足阳光和丰沛雨水的孕育下，近 9500 种野生高等植物在这片壮美大地上茁壮生长，生物多样性丰富度居全国第三位。

　　广西，由此成为植物世界里的一座绿色宝库。卓然立于山水之间的古树，是绿色宝库中的杰出代表。

　　随时光之河回溯，早在上千年前，地旷人稀的广西就以"水碧山翠"吸引着古人关注的目光。唐代末年，莫休符在地情专著《桂林风土记》里以"榛莽翳荟"形象描绘桂林隐山树木茂密的情景。

　　明代崇祯十年（1637 年）四月，大旅行家徐霞客开启广西游览考察之旅，在日记中对全州驿道古松"连云接嶂"的壮观景象赞赏不已。

　　清代，桂西南地区被古人赞为"树海"。著名诗人、史学家赵翼在德保为官时，赋诗赞咏耸立在独秀峰崖壁上的古榕树："秀山耸削无寸土，其上乃有榕树古。咄尔托根何奇哉，不以土植以石栽。"并感慨广西西南边境地带"皆崇山密箐，斧斤所不到，老藤古树，有洪荒所生，至今尚葱郁者……真奇观也！"

在古人眼里，位于桂中地区的武宣金龙山"苍松荔蔚"，桂南地区的武鸣境内则是"古木连云，层峦际日"，桂东南的容县天堂山"树木轮囷离奇，蔚然深秀，多千百年古物"。

当这些古树栉风沐雨，从遥远的古代来到繁华的现代，它们便成为人们心目中可敬的长者，成为当代社会鲜活的历史见证。

2022 年 9 月公布的第二次全国古树名木资源普查结果告诉我们：广西现有古树超过 14 万株、准古树 2 万多株。

为了有针对性地保护，林业专家将它们划分为特级、一级、二级、三级和准古树五个等级。

特级古树，树龄在 1000 年以上，它们的数量为 400 多株。出生于遥远的战国时代、树龄 2300 多年的龙州"蚬木王"，是特级古树中的优秀代表。

一级古树，树龄为 500～999 年，它们的数量为 2000 多株。兴安灵渠一株树龄 700 多年的重阳木，以"古树吞碑"的奇异形态令人叹为观止。

二级古树，树龄为 300～499 年，它们的数量是近 9000 株。挺立在柳州马鹿山公园的喙核桃"树王"，历经 300 余年风雨。被盗卖的它几经磨难，最后终于回到了家乡。

中国最美古树——挺立于广西龙州县武德乡三联村陇呼屯后山的"蚬木王"，树龄达 2300 年

三级古树，树龄为 100 ～ 299 年，它们的数量最多，超过 10 万株。树龄 130 多年的奇树"见血封喉"，在村民悉心护理下悠然栖身于南宁郊区。

准古树，树龄为 80 ～ 99 年，这是广西为保证古树保护工作持续开展特别设立的古树"后备役队伍"，它们的数量是 2 万多株。漫步城市街头巷尾，我们经常会与挂有"准古树"身份牌的大树不期而遇。

远古时期，原始森林密布。随着人类足迹遍及世界各个角落，树木集群生长的范围越来越小。如今，广西境内的古树大多以散生状态孤独生长，它们的数量有 10 万多株。

可喜的是，在人迹罕至的大山深处，以及一些村落附近，依然有不少古树组成群落，蔚然成林。它们的总数有 3 万多株。

登上"华南第一高峰"猫儿山，我们会在云雾飘渺中见到上百株平均树龄 240 年的铁杉，以坚韧不拔的姿态守卫着自己的领地；在融水安太乡培秀村，200 多株平均树龄达 300 年的马尾松逍遥生长，山风拂过，松涛滚滚，蔚为壮观。

每一个人都有自己的家乡，古树也有着最适宜的生长地域。广西古树种类多达 500 多种。其中，最适宜于岭南地区生长的桑科、樟科、松科、金缕梅科、无患子科、壳斗科树木，在广西古树名木中占据着主导地位。

苍劲挺拔的古樟，盘根错节的古榕树，卓尔不群的枫香，风姿飘逸的铁杉，虬枝盘绕的龙眼、荔枝，巍然高耸的木棉、马尾松，是经常和我们见面的老朋友。

多样的生态环境，孕育了多种珍稀古树。

在广西，被列为国家一级保护野生植物的树种有南方红豆杉、望天树、广西火桐、膝柄木、广西青梅等。其中，膝柄木为"中国十大濒危树种"之一，目前在我国仅发现 12 株，全部幸存于北部湾沿海地带。广西青梅是在那坡县六韶山新发现的热带稀有珍贵树种，具有重要的保护价值和研究价值。

如果将古树的密集度大小在广西地图上用颜色深浅标示出来，我们会发现桂北、桂东北、桂东南、桂西南地区的颜色明显深于其他地区。其中，仅桂林、崇左、南宁 3 个地级市拥有的古树总数，就占了广西古树总数的四成多。

在崇尚"诗与远方"的旅游热潮中，每进入一座老村古镇，每路过一片寂静山野，我们都会与古树不期而遇，会见到当地村民将傲然挺立的古树视若神灵。

在广西，绝大部分古树生长于村庄山寨，仅有 3000 多株古树生长于城市。

古树大多为深根性树种，它们的主根和侧根相当发达，如龙爪、巨蟒一般在土壤与石缝间深扎盘绕。同时，成长为古树的树种，大多具有生长萌发力强、对气候及土壤适应性强、抗病虫害能力强等特性。

历经百年风雨乃至千年沧桑，数以十万计的古树健康状况如何呢？

普查中，林业专家对古树进行了全面"体检"，结果令人欣慰。在广西，90% 以上的古树生长状态良好。

一株株风姿绰约的古树，彰显自然生态魅力，见证历史人文风情。它们以奇伟的身姿、顽强的意志和鲜明的个性，形象地诠释着"绿水青山就是金山银山"的理念。

　　参天一树仰古今。让我们走向深山密林，走进村寨田野，漫步大街小巷，去观赏古树的伟岸雄奇，去探寻魁伟古树的生命意韵吧！

位于崇左市龙州县逐卜乡卫国村岜六屯的木棉古树群（严远琼　摄）

大山瑰宝

　　巍巍大山，是古树最惬意的家园；原始丛林，是古树最宜居的环境。在广西绵延起伏的山脉中，在绿意葱茏的密林里，身躯伟岸的古树笑傲山水，以王者姿态逍遥自在地演绎着生命的传奇。

微信 / 抖音扫码

"杉霸公"神秘现身

有这样一种植物，它早已被外国专家学者宣布灭绝于第四纪冰期。当人们都以为它真的已在地球上消失时，一个惊人的消息从我国传出：在广西龙胜各族自治县花坪，它依然以顽强的姿态挺立在原始森林中！

它是怎样被人们发现的？

故事要从 1955 年说起。

中国科学院华南植物研究所广西分所副所长钟济新偶然间听到一个来自龙胜花坪的传言：人们在深山里发现了一种"怪树"，像松树又不是松树，像杉树又不是杉树。

花坪，位于广西东北部越城岭支脉天平山幽深的山谷之中，数十座海拔千米以上的山峰连绵起伏，山峰间沟谷纵横交错。独特的地质地貌，丰沛的雨水，使花坪一带成为华南地区重要的"生物物种基因库"。

1955 年 5 月，钟济新带领一支科学考察队进入花坪。他们此行的主要目的，一是采集珍稀植物标本，二是也很想看看传说中那种"怪树"的真面目。

一天，一名队员从大山里采回的标本长得像油杉的树枝。钟济新接过标本仔细辨认，发现它和油杉有所不同。它到底是一株什么树呢？钟济新不由得联想到当地

专家观察银杉生长情况

那个有关"怪树"的传言。

为了探寻真相，第二天，考察队员们翻山越岭，终于在伍家湾一座形如鹰嘴的崖壁上发现了一株叶片和标本一模一样的老树。经现场测定，挺立在崖壁上的这株老树高 21.1 米，树干直径 0.83 米，树龄 300 多年。它最明显的特征是针状叶片背面有两条平行的银白色气孔带。

凭借多年积累的经验，钟济新本能地意识到：这株被当地人称为"杉霸公"的老树，很可能是一个此前未被发现的植物种！

这年秋天，考察队再次前往花坪伍家湾探查。经过一个叫野猪塘的地方时，队员惊喜地发现——在一条山脊上挺立着 10 多株和"杉霸公"一模一样的大树。

钟济新立即采集这种"怪树"的球果、枝叶，作为标本送往北京。在北京，陈焕镛、匡可任等著名植物专家对标本进行鉴定后确认：这是一个新发现的植物种！

考虑到这个新树种叶片形状和杉树叶片相似、叶片背面有银白色气孔带的特征，我国植物专家为其取名——银杉。

专家将银杉和松科植物进行对比研究后，认为银杉不属于松科任何一个属。于是，为银杉设立了一个独立的属——银杉属，同时确定它的拉丁学名为 *Cathaya argyrophylla* Chun et Kuang。其中，"*Cathaya*"为银杉的属名，译成中文就是"华夏"的意思；"*argyrophylla*"是银杉的种名，中文意思为"银色的叶"。

1957 年，陈焕镛赴国外参加植物学年会，在会上宣读了论文《论中国西南部松科新属——银杉属》。

外国植物专家在看到陈焕镛带去的银杉标本后，感觉有些眼熟。经对比，专家们惊喜地发现：这种神秘植物的化石，此前曾在波兰、法国等国被发现。国外专家学者曾带着化石标本在亚欧大陆搜寻，希望能找到这种古老植物鲜活的身影。然而，最终却不得不失望地宣布：这种数百万年前曾广泛分布于亚欧大陆的裸子植物，已经随着第四纪冰川的降临而在地球上灭绝。

谁也没有料到，已经"灭绝"的植物竟然在中国南部气候温暖的原始森林里逃过劫难，悄然生存至今！

发现银杉的花坪于 1961 年成立广西花坪林区管理处。1978 年，被确定为国家级自然保护区，保护范围有 15 万多公顷。

如今，花坪自然保护区内森林覆盖率已经超过98%。居住在保护区范围内的村民，都将山里的野生植物、野生动物视为绝对不可以伤害的珍宝。

银杉叶片背面气孔带在
阳光照耀下银光闪闪

银杉果球

银杉与华南五针松共生群落

　　大山里的村民经常在草丛间放置一些木桶，招引蜜蜂入桶筑巢酿蜜。山里的黑熊发现后，便经常到木桶里掏食蜂蜜。面对被黑熊掏空的木桶，村民们总是一笑了之：黑熊可是国家二级保护野生动物啊，任由它们想吃多少就吃多少吧！

黑熊掏食蜂蜜

　　随着旅游业的兴起，保护区内一株被当地人称为"杉公子"的银杉成为众多游客关注的"明星"。

　　正值壮年的"杉公子"和形态飘逸的五针松生长在一起，虽然粗壮的枝干在长年风吹雨打下布满苔藓，树皮有被野猪蹭伤的痕迹，腰间两根碗口粗的枝干也在一场大雪中被压断，但却依然倔强地挺立在山崖上。

　　好奇的游客经常在草丛里捡拾到"杉公子"掉落的球果，但四周却见不到银杉幼苗的身影。

（正值壮年、身姿伟岸的"杉公子"）

资料显示，银杉属裸子植物，雌雄同株。一株银杉平均每年产球果 60 多枚，包裹在球果中的种子有 270 多粒。随风飘洒的种子，有相当一部分成了山中鸟类的美食，极少数种子就算侥幸得以生根发芽，大多也会在周边阔叶树木和松毛虫的无情"围剿"中夭折。

只有个别幸运儿，能够在其他植物难以立足的崖壁缝隙中扎根，历经磨难，顽强求生，最终长成像"杉霸王""杉公子"一样的伟岸大树。

不少游客在见到"杉公子"后，希望能继续进入深山探险，观赏"杉霸公"雄姿。然而，伍家湾鹰嘴崖一带根本不通路。而且，那里处于自然保护区核心地带，一般是限制游客进入的。

2007 年 10 月，中央电视台记者到花坪自然保护区采访时，就驻扎在伍家湾。记者也曾打算进山探访"杉霸公"，最终还是知难而退。直到第二年 8 月，调来一架小型直升机，记者才在空中远远拍到了"杉霸公"傲然挺立的身姿。

令人欣慰的是，从 1955 年首次发现银杉以来，科研人员已在花坪自然保护区陆续发现银杉 1040 株，并在林地里成功培育出银杉幼苗。这种古老孑遗植物的遗传秘密，正在被人类逐步破译。

另一个好消息是，在广西金秀瑶族自治县及湖南、贵州、重庆等地原始森林中，科研人员也陆续发现了银杉的身影。金秀大瑶山中有一株树龄超过 850 年的银杉古树，被誉为"银杉王"。

迄今为止，在我国发现的银杉总数约 4000 株，这也是目前所知银杉家族在地球上幸存的全部"人口"。

花坪自然保护区挺立在崖壁上
的银杉古树，树龄 500 年

"铁君子"守护八角田

在人类生存的星球上，已经有数不清的植物经不起岁月冰霜的摧残和人类斧刃的砍伐，相继灭绝了。但也有一些植物，幸运地躲过灾难，遗存至今。

铁杉，就是这样一位幸运儿。

挺立在"华南第一高峰"猫儿山上的铁杉，是一种繁盛于两千多万年前的古裸子植物。在第四纪冰川侵袭、大量物种灭绝时，它们却在华南地区相对温暖的山谷中得以幸存。

海拔2141.5米的猫儿山，是漓江的发源地。漓江之源，潜伏在猫儿山一个叫八角田的地方，这里海拔1860多米，终日云雾缭绕。丰沛的雨水，将这一带山谷冲刷出八条大沟，而流淌于沟谷中的山泉逐渐形成八条小河，在峰峦峡谷间迂回奔流，最终汇为漓江。

拨开荒草、灌木，穿过八角田茂密的箭竹林，在云雾飘渺中，隐约可见众多刚劲的铁杉聚成一个群落。随着云雾时聚时散，铁杉忽而隐身，忽而亮相，像极了一群身披绿色铠甲的铁将军，威严冷峻，极尽峥嵘。

来到铁杉树下，仰头上望，出现在眼前的是一幅奇异的"地图"：密密匝匝的枝叶，为争夺阳光的哺育而尽情伸展。然而，当相邻两株树的树冠在空中相遇时，彼此又表现出谦谦君子的姿态，你的枝叶伸出一尺，我的枝叶便退让十寸。彼此进退有度，绝不重叠纠缠，这是铁杉在生存竞争中为尽可能获取阳光而做出的明智选择。

猫儿山铁杉古树依偎相伴，树冠却互不干涉

林业科研人员对八角田这片铁杉林进行测定后惊喜地发现：它们的平均树龄达到 240 年，是古裸子植物中的幸存者。

裸子植物，因种子裸露而得名，它们是地球上最原始的种子植物。从 5 亿年前的古生代到 6000 万年前的新生代，裸子植物曾经遍布地球各大陆。

在 6000 万年前的白垩纪晚期，被子植物逐渐取代裸子植物成为植物界的主宰。如今，地球上大多数裸子植物都已经灭绝，只有少数种类躲过冰川侵袭并适应新的环境幸存下来。作为裸子植物孑遗"活化石"的铁杉，就是其中的幸运儿。

那么，猫儿山上的铁杉是怎么生存下来的呢？

时光回溯至 1972 年。这一年，人们修筑了通往山顶的公路。此前人迹罕至的猫儿山原始森林，开始多了人类活动的身影。

一批植物专家也慕名登上猫儿山考察。当他们来到八角田，看到传说中已经灭绝的铁杉依然挺立在云雾之中时，脸上的神情可以用"喜出望外"来形容。

专家们惊讶地发现，从二十世纪五六十年代起，由于猫儿山丰富的钨矿储量被探明，进山采矿的人们就地取材，大肆砍伐材质坚硬的铁杉，用来做床板、搭工棚，山中铁杉资源遭到严重破坏。专家立即制止了这样的行为。

猫儿山上到底遗存着多少铁杉？历来说法不一。

2003 年 1 月，猫儿山自然保护区升级为国家级自然保护区。科研人员对山中铁杉的生存状态进行了一次全面普查，结果发现：猫儿山铁杉大多在海拔 1000 米以上的丛林中呈群落生长，数量有 2000 多株！其中，长苞铁杉 800 多株，南方铁杉 1100 多株。这些铁杉的树龄，多在百年以上。

更令人欣慰的是，科研人员还在山谷里发现了多处野生幼龄铁杉群。这意味着，铁杉不会"绝后"。

幸存的猫儿山铁杉早在50年前便闻名于世。但山中的一株"铁杉王"，却一直"躲"到19年前才被世人知晓。

2004年4月初，保护区一位老护林员在闲聊时谈起一桩往事：10年前自己到猫儿山北部丛林巡山时迷了路，寻找出路时在一条山谷里看到一株高大的铁杉，那

雾漫铁杉林（盛久永　摄）

林业科研人员在进行铁杉古树调查

是他在猫儿山里见过的最大的铁杉。

　　说者无心，听者有意。老护林员的话，马上引起保护区科研人员的重视。可是，当问到具体地点时，老护林员却已经记不清楚，只能指出一个大概方位：在北面山坡猴子坳一带。

　　一支进山考察队随即组成。在茂密的丛林中，考察队员艰难穿行。当一行人气喘吁吁地来到猴子坳一个幽深的谷底时，有队员突然惊叫起来，大家随着他手指的方向望去，只见前方大约两百米的悬崖边，一株高大挺拔的铁杉傲然而立。

　　这株枝繁叶茂的铁杉高 40 余米，苑径 2.80 米，胸径 1.18 米。粗糙的树皮犹如龙鳞，扭曲的枝干坚硬遒劲，恰似一条蓄势待飞的苍龙。

　　"霜皮溜雨四十围，黛色参天二千尺。"一位爱好文学的考察队员借用杜甫的诗句描绘了这株铁杉的风姿。

　　经现场勘测判断，这株铁杉的树龄在千年以上，是当之无愧的猫儿山"铁杉王"。

　　铁杉，真是一群守护猫儿山漓江之源的"铁君子"！

仰望望天树

在广西多达十几万株的古树里，谁是最高的"巨人"呢？

作为热带雨林的标志性树种，望天树分布于广西西南部，是我国喀斯特地区最高的阔叶树种，成年的望天树普遍高 50 米以上，大约相当于 16 层楼的高度，因此它又有另一个十分豪气的名字——擎天树。

那么，在广西众多树龄超过百年的望天树里，谁又是"巨人"中的"巨人"呢？

此前，林业科研人员依据测量所得数据，曾认定生长于百色市那坡县百合乡清华村的一株望天树最高，高度达到 65 米。

这个纪录在 2023 年 3 月被打破了。

峰丛洼地茂密树林中的望天树鹤立鸡群（彭定人 摄）

2023 年 3 月中旬，广西林业勘测设计院、广西植物研究所、广西弄岗国家级自然保护区管理局和蓝天救援队组成的联合考察队，进入位于崇左市的广西弄岗国家级自然保护区进行科学考察。在人迹罕至的喀斯特峰丛洼地间仔细搜寻的队员们，惊喜地发现一株鹤立鸡群的望天树。

为了掌握这株望天树的确切数据，考察队员采用先进的激光雷达技术，以无人机搭载激光雷达传感器，依据传感器发出的激光脉冲测定无人机与树木之间的距离，并对这株望天树所在区域进行多角度、多高度扫描，获取了从森林冠层表面到林下地形之间的三维结构信息。通过激光雷达点云数据测量，最终获得这株望天树的准确高度——72.4 米！

72.4 米的望天树既是广西的最高树，又是华南地区已知的最高树，同时也是我国喀斯特岩溶地区发现的最高树。

测量结果还告诉我们，这株望天树胸径达到 1.32 米，树冠直径为 25 ～ 31 米，树干材积 23.3 立方米。参考此前获得的望天树生长规律研究结果，考察队员估测这株望天树的树龄为 150 年左右，正处于生长壮年期。

虽然身处缺乏土壤的岩溶地带，但是这株望天树的生命力十分顽强，生长状况良好。考察队员观察周边环境，只见山峰环绕，林木茂密。这样的封闭地形犹如一个自然保护圈，使脱颖而出的望天树免受强风、雷电侵袭。未来，这株望天树还会继续长高。

其实，广西弄岗国家级自然保护区管理人员早在 2014 年的一次巡查中就发现了这株望天树。当时，监

广西最高树科普测量（彭定人 摄）

测人员目测树的高度超过 60 米，但由于无法抵达这片幽深洼地的底部，没能实施精确测量。

2019 年，广西率先用激光雷达技术开展大范围森林资源调查，获得了既全面又准确的树木高度数据。林业技术人员通过激光雷达数据对广西"最高树"中的"种子选手们"进行全面筛查时，发现弄岗国家级自然保护区内分布着许多高度超过 50 米的巨树。

由于这片地势险要的区域从来没有人类涉足，望天树所处峰林洼地的生态系统保持着完好的原始状态，森林群落结构完整，物种组成相当丰富。其中，有国家一级保护野生植物望天树、石山苏铁、同色兜兰，还有国家二级保护野生植物短叶黄杉、蚬木、金丝李、海南大风子、淡黄金花茶、董棕、大叶风吹楠和纹瓣兰。

望天树，为什么能从众多树木中脱颖而出、高高在上呢？

专家研究发现，作为龙脑香科柳安属一种高大阔叶乔木，望天树在我国主要生长在海拔 300 ～ 1100 米的广西西南部、云南南部一带。

龙脑香科是热带雨林中的一个优势科，具有吸收养分能力强、体态高大等特点。曾有外国学者在没有进行全面科学考察的状况下断言："中国十分缺乏龙脑香科植物，中国没有热带雨林"。广西望天树的发现，彻底推翻了这个错误判断。

科学考察的结果证实，广西不仅拥有较丰富的望天树资源，而且在宁明、那坡、巴马等地的喀斯特峰林中还生长着高度在 60 米以上、树龄超过百年，甚至 500 多年的望天古树！

这些巨人一般的望天树，凭借怎样的特殊本领脱颖而出呢？

按照植物生长规律，每一种树木都会为了获得更多光照而尽情往高处生长，以摆脱周围竞争对手的纠缠。但是，自然环境中的水分、热量条件会影响植物生长的快慢与高矮。只有那些有幸生长在水热条件较好的地方的树木，才有可能长成参天大树。

除了自然环境优越，植物自身本领也必须有"过人之处"。不同的树木，对水分、营养输送能力也不一样。20 世纪 90 年代，有学者提出树木生长高度的"水力限制假说"，以此解释树木为什么不能无限制地长高。也就是说，树木体内的水分输送能力，决定了树木的生长高度。

树木在生长过程中，需要依赖土壤中的根系吸收水分进行光合作用和蒸腾作用。水分从根部进入树木体内，通过体内导管被输送到枝干上的每一片树叶。水分输送必须克服水的重力、导管的阻力。树木的水分运输能力越强，它长高的机会就越大。

望天树，显然是水分运输的高手！

圣堂"平安树"

雄立于广西中部、绵延 130 千米的大瑶山，聚居着众多的瑶族群众。主峰圣堂山海拔 1979 米，在广西诸多大山中并不以高取胜，而是以奇、险、秀闻名。许多慕名前往游览的游客，形象地把圣堂山称为"广西的黄山"。

举世闻名的黄山有一株"迎客松"。在圣堂山陡峭的崖壁上，也挺立着一株远近闻名的珍稀古树——铁杉。

圣堂山铁杉

　　沿崎岖山路攀缘而上，在接近圣堂山顶峰的山崖间，可以看到一株树龄650多年的铁杉以一种奇特的姿态傲然挺立。为适应长年山风劲吹、云雾缭绕的特殊环境，这株聪明的铁杉放弃了原本高大伟岸的身躯，把自己的高度限制在7.3米；同时，将众多枝干以极度扭曲的姿态向四周伸展，以沐浴更多的阳光。强劲的根如铁钩一般嵌入岩缝中汲取养分。平均宽度达到8米的树冠顶端，被强劲的山风"修剪"得平平展展，远远望去，仿若一把在大山里撑开的巨伞。

　　在过去数百年漫长岁月里，居住在大瑶山的人们都没见过圣堂山上这株巨伞一般的铁杉，因为陡峭的山崖间根本没有登上顶峰的路。

　　明代史书曾用"高峻悬绝"四个字描述圣堂山之险。

据说，古时曾有一根巨大的山藤从山顶垂落下来。当地瑶族群众攀藤而上，惊喜地见到山上有水池，池水清冷，池中鱼鳖畅游，池畔桃李环绕，树间猿猴跳跃。后来，巨藤在风吹雨打中折断，登顶之途断绝。

1928年5月，中山大学教授辛树帜在李四光等著名学者的支持和帮助下，率考察队进入幽深的大瑶山，历时两个月，行程上千里，采集动植物标本两万多件，首次发现了广西特有珍稀动物——瑶山鳄蜥。

辛树帜教授和队员们历经艰险来到主峰圣堂山脚下时，也只能望山兴叹，并记下这样一段文字："圣堂顶……三峰并峙，昂首霄汉，群畜俯伏其下，壁立千寻，险不可阶。本队曾一度探视，高山仰止，无路可通……云气弥漫，不辨方向，不能更上。以望远镜窥之，见壁上藤萝蔓延，随风荡漾，羊齿、苔藓、地衣、石松等必其多。他日重来，当携幕宿营，循次以进，一探其究竟也。"

遗憾的是，辛树帜教授此后没能再次来到大瑶山，实现他登顶圣堂山"一探其究竟"的心愿。

密不透风的原始森林，直插云霄的悬崖峭壁，让每一个来到圣堂山的人都望而生畏，知难而退。于是，大山中许多奇异现象便在当地瑶族群众口口相传中衍化为神话故事。

每当逢年过节，居住在山脚的瑶族群众便会听到高高的山崖上传出或铿锵，或悠扬的鼓乐声。人们百思不得其解，于是纷纷猜测：那可能是仙人在山顶聚会奏乐吧！于是，圣堂山在人们心目中成了神仙居住的圣地。

对于瑶族群众传说中的奇异现象，曾有专家专程到现场考察，认为人们听到的鼓乐声应该是从几千米外的乡镇传来的。那里的人们在节假日里敲锣打鼓、舞龙舞狮，洪亮的锣鼓乐声传到圣堂山后被高耸的山崖阻挡，产生了回音。

20世纪90年代末，为开发圣堂山，发展旅游业，人们用钢钎在陡峭的崖壁间开凿出一条石阶路。沿着崖壁间这条石阶小路盘旋而上的人们，终于登上了圣堂山山顶。这株巨伞一般的铁杉，也向世人展现了自己的容貌！

山顶上的天气瞬息万变，一会儿云遮雾绕，一会儿风吹雨打，一会儿又云开雾散，晴空万里。无论天气如何变化，铁杉始终撑开它那巨伞一般的枝叶，护佑一方水土。面对此情此景，人们有感而发，为铁杉起名"平安树"，祈盼这株苍劲的古树在圣堂山上健康生长，同时保佑每一位登山者平平安安。

然而，美好的祈愿并不能代替科学的养护。

2021年12月，圣堂山传来一个令人忧心的消息——山顶上这株铁杉枝叶日益枯黄，渐渐失去生机。

闻讯迅速赶上圣堂山的林业技术人员在实地为铁杉"把脉会诊"，并"对症下药"——在根部铺设椰糠，帮助铁杉根系更有效地吸收营养和水分，有针对性地施加肥料，同时在树下铺设防草布，防止恣意蔓延的杂草抢夺营养和水分……

半年过后，铁杉干枯的枝头终于又冒出了嫩绿的新芽，重新焕发生机。

"平安树"平安的喜讯，在秀美、险峻的圣堂山广为传扬！

龙袍加身的坡垒

提起广西四大名贵硬木，很多人都知道是蚬木、格木、金丝李、铁力木。然而，却很少有人知道，在广西南部幽深的十万大山里，深藏着一种生长缓慢、坚硬异常、有"万年木"之称的国家二级保护野生植物——狭叶坡垒。

濒临北部湾的十万大山，是耸立在广西最南端的山脉。在广西众多山脉中，十万大山以拥有生长态势最好的热带季雨林而闻名，山中热带、亚热带动植物品种也最为繁多。

沿怪石嶙峋的三叉江鸳鸯沟进入大山深处，一路只见清溪潺潺，林木茂密。绕过被当地人称为"仙女浴池"的清潭，溪边树木呈现各种奇异姿态。人们依据树木形态，为它们起了各种有趣的名字——蛇松、过江龙、阴阳树、古藤千秋、石上根缘、一木成林……穿行其间，仿佛进入了一个由大自然妙手营造的天然盆景园。

在众多奇树中，一株侧斜着身子、向河谷伸出众多枝杈的老树特别引人注目。这株老树布满青苔的树皮斑驳脱落；裸露的树干上布满一圈圈金黄色纹路，看上去，有些像古时候皇帝所穿龙袍上的花纹。当地人由此给它起了一个形象的别名——龙袍树。

沟溪边的狭叶坡垒

　　关于龙袍树的来历，还流传着这样一个故事：古时，一位喜欢游山玩水的皇帝听说十万大山生长着许多珍贵树木，便欣然进山游览。在溪水边歇息时，皇帝脱下龙袍，顺手挂在溪边一株老树上。离开时，龙袍却怎么也扯不下来。此后，这株树的树干上就烙下了一圈圈金黄色的龙袍花纹。

龙袍一般的树身花纹

　　现实中的这株老树，当然和皇帝没有什么关系。它的学名叫狭叶坡垒，是龙脑香科坡垒属常绿乔木。科研人员测量后发现，这株狭叶坡垒高 12.5 米，胸径 0.4 米，树龄 360 多年。

　　作为热带雨林和季雨林中一位重要成员，狭叶坡垒不仅材质坚硬，还具有耐水、耐腐、纹理直、花纹美等特点。

　　在我国，狭叶坡垒主要分布于广西、云南南部和海南岛。在广西，幽深的十万大山已成为狭叶坡垒最后的家园。

树龄 360 多年的狭叶坡垒

每一种植物，都有自己独特的生命繁衍技能。狭叶坡垒繁衍后代的"绝招"是为它们的种子配上"翅膀"，让种子成为会飞的"孩子"。

科研人员考察发现，狭叶坡垒的花期是每年6月到8月，结果期为11月到翌年3月。小小的狭叶坡垒花朵，有两片对称的萼片。随着种子逐渐成熟，萼片也跟着变长，如同一对会飞的翅膀。每年二三月间，这些成熟的"孩子"便随着山风纷纷脱离母树，成群结伴，随风飞舞，飘落到周边河谷地带生根发芽。

一株狭叶坡垒，在风调雨顺的年份里会让带"翅膀"

狭叶坡垒带"翅膀"的种子

的种子密密麻麻挂满枝头，让人感觉它们是一个繁殖力强盛的种群。

然而，沿十万大山河谷地带行走，却很难见到狭叶坡垒密集成林的状况。在总面积达 2600 平方千米的十万大山，科研人员仅找到 5162 株狭叶坡垒。对于一个种群来说，这样的数量实在是太少了！

因此，在《中国珍稀濒危保护植物名录》（第一册）中，狭叶坡垒被列为濒危种。在《国家重点保护野生植物名录》（2021）中，狭叶坡垒被列为国家二级保护野生植物。

在人们印象中生命力十分强盛的狭叶坡垒，怎么会如此迅速地陷入濒危境地呢？

狭叶坡垒自身的生态特性，在一定程度上限制了它的繁衍。

狭叶坡垒的"孩子"虽然会飞，却飞不远，而是大量集中散布在母树周围，以集群状态生长。这种生存状态虽然有利于充分利用周边环境资源，有利于抵制其他植物的干扰，但是狭叶坡垒的生长环境地势陡峭，岩石裸露。在有限的生存空间里，幼苗、幼树为了获取资源不得不进行激烈的"内部竞争"，在植物"自疏作用"的影响下，幼苗大量死亡，生存概率极小。

为了拯救狭叶坡垒，从 20 世纪 90 年代开始，广西植物研究所科研人员便着手培育狭叶坡垒幼苗，进行"迁地保护"，帮助狭叶坡垒会飞的"孩子"飞得更远，飞到遥远的异地他乡安家落户。

2023 年 3 月，媒体发布了一条让人倍感欣慰的消息——200 株人工培育的狭叶坡垒在广西防城港市金花茶国家级自然保护区实现首次原生境野外回归。科研人员将对这些树苗进行长期监测，以确保它们能在新的家园里茁壮成长，繁衍壮大。

听到这条消息，深藏于十万大山幽深沟谷中的龙袍古树一定也会为自己"后继有树"而欣然欢呼吧！

人工培育的狭叶坡垒幼苗

身姿苍劲的狭叶坡垒

山中榔榆乐逍遥

居住在都市里的人们，最初听到榔榆这种树的名称时，一定会感觉陌生。在广西一座座都市的街头巷尾，我们很难见到这种落叶乔木的身影。不过，如果走进花鸟市场，就会经常见到用榔榆老树桩制成的盆景。

广泛分布于广西各地的榔榆，有三个重要特性——树形优美、姿态潇洒、枝叶细密。

制作盆景的技师相中的正是榔榆这些特性。他们深入大山里采集榔榆老树，按照"以曲为美"的审美观进行修剪、扭曲，培育出一盆盆古朴苍劲、虬枝盘绕、绿叶细密的榔榆盆景。

面对花市里一盆盆造型别致的榔榆盆景，有人啧啧赞叹，十分喜爱；也有人摇头叹息，认为这是一种违背植物生长规律的"变态行为"。

这种按照人为意志强行扭曲树木形态的盆景制作方法，自古便有，也曾引发有识之士的异议。清代著名的思想家、文学家龚自珍曾就此事撰写《病梅馆记》一文，叙述人们为了制作符合自身审美观的梅花盆景，强行将梅的枝干修剪、扭曲，使之呈现"病态"形状的行为，借以隐喻封建社会扭曲、压抑人才的状况。

面对都市里一盆盆被扭曲了形态的榔榆盆景，不由

榔榆盆景

得让人生出一份挂念——那些在山野中无拘无束、自由生长的榔榆，又会是怎样的一番姿容呢？因姿态优美、材质坚硬而引发人们关注的榔榆，在大山里能够安然生长吗？

　　2021 年，几位记者前往百色乐业雅长林场采访，当他们从林场负责人口中得知——在九龙分场所处的深山密林中，还生长着树龄 200 多年的榔榆古树时，他们的心情十分激动。

　　雅长林场地处广西、贵州交界地带，一条南盘江成为两省区的交界线。江的这边是广西茂密的山林，江的那边是贵州高耸的峰峦。

乐业椰榆古树

早在 20 世纪 50 年代，公路还没通到这个地方时，林业技术人员和工人们只能步行进山，在被人们称为"广西的西北（伯）利亚"的幽深大山里建立林场。

1957 年，为了满足当时热火朝天的经济建设需要，林区开始大面积砍伐天然生长的树林。一堆堆树木被扎成木排，顺着南盘江、红水河漂往下游目的地——来宾。

水路运输虽然顺畅、省力，然而无情的流水却让大量木材打了水漂。

林场老职工至今仍记得发生在 1959 年的一段令人叹息的往事：当时的红水河水运局从雅长林区顺南盘江往下游运输粗大的香樟树原木，数量 4000 余根。负责运送木材的工人吃住都在木排上，以"放牧赶羊"的方式顺江漂流，由南盘江入红水河，历经 3 个多月。抵达来宾贮木场时，4000 多根珍贵的香樟树木仅剩下 41 根！

从 1983 年开始，痛定思痛的人们转变观念，停止大面积砍伐，让森林得以休养生息。

如今的雅长林场，坚守"绿水青山就是金山银山"的理念，不仅保护山里的名贵树木，还广泛种植椰榆、楠木、香合欢、黄连木等珍稀树木幼苗，让树木在大山里"子孙满堂"，健康生长。

在九龙分场分管的一片林地里，一株高大的椰榆挺立在路基陡坡上，树的周边藤蔓环绕，杂草丛生，让人难以靠近。悬挂在树干上的广西壮族自治区古树名木保护牌显示，这株椰榆的树龄已经超过 200 年。

正当记者们感叹难以走下陡坡近距离观赏这株椰榆的风采时，林场负责人微笑着往山坡上一指，说："上面还有一株，树龄更高，有 240 多年哩！"

林业技术人员情不自禁拥抱榔榆古树

于是，一行人立即顺着水流冲刷形成的沟道往山坡上爬。很快，一株由三个成人才能合抱的榔榆古树出现在人们眼前。

与那些在花鸟市场里见到的扭曲变形的榔榆盆景迥然不同，大山里这株榔榆古树刚劲挺拔，傲然昂首，直指云天。粗壮的树身布满红褐色鳞片和青苔，仿佛一位老爷爷布满皱纹的脸庞。然而，抬头仰望，树顶枝干上舒展的树叶却翠嫩明亮，透发着勃勃生机。

环顾四周，人们又惊喜地看到——榔榆周边古树成群，枫树、南酸枣、翅荚香槐……这些大树的树龄均为 100 至 200 多年。

为什么这个地方会保留下这么多古树呢？林场技术人员在树林里谈起了一段往事。

在 20 世纪 50 年代后期掀起的"大砍伐"风潮中，由于这一带地区山高路陡，汽车开不进来，木材难以运出，大片原始森林才得以幸存。

林场附近有几个村屯，村寨周边山坡上也生长着许多高大挺拔的榔榆。这些榔榆不仅树形优美，而且材质坚硬，是制作家具、车辆、轮船等器物配件的好材料。

时间一长，这一带有椰榆老树的信息传出了大山。一些财大气粗的老板闻风而至，一面出钱将山里的椰榆等名贵树木成片购买下来，一面投资修通进入大山的简易公路。

于是，一株株高大挺拔的椰榆，轰然倒下；一车车优良的木材，离别大山。

当山中老树越来越稀少时，水土流失现象也越来越严重。村民们这才意识到"山上没有树扎根，山下难得人安生"，于是果断停止出卖、砍伐老树的行为。

如今，大山里这片幸存的古树林已经成为林场的管护林地，一株株百年古树被挂上了保护牌。在林场技术人员眼里，幸存的椰榆古树堪称"镇山之宝"。每次进山巡查，他们都要在古树脚下仔细搜寻，将椰榆树的种子带回去培育幼苗。

早在2012年，雅长林场技术人员便在附近山中种植了上百亩椰榆、榉木幼苗。然而，经过多年试验、观察，技术人员发现：连片种植的椰榆树苗长势不佳，生存率极低，而在大山里和其他树木间种在一起的一株株椰榆幼苗却生机勃勃，长势喜人。

显然，让不同植物比邻而居的"点种"模式，更符合植物取长补短、相辅相成的生态特性。于是，技术人员着手在品种繁多的生态林里点种椰榆，藏宝于山。

如今大山里的椰榆，生长得快乐逍遥！

挺立在山坡上的椰榆古树

乡野神灵

　　漫步古镇老村，路过寂静田野，随处可见古树刚劲挺拔的身姿。饱览千年沧桑，历经百年风雨，忠实守护一方水土。"阅历"丰富的古树，成为当地民众心目中最可敬畏、最可信赖的守护神!

微信 / 抖音扫码

最美"蚬木王"

"中国最美",这是一项多么值得骄傲的荣誉!

全国绿化委员会、中国林学会于 2018 年 5 月在全国范围开展"中国最美古树"遴选活动。经过地方推举、专家评议,挺立于广西龙州县武德乡三联村陇呼屯,树龄高达 2300 年的"蚬木王"成功入选!

纵观八桂大地,生长在碧绿山水之间的奇特古树数不胜数。"蚬木王"凭借怎样独特的魅力得以在众多古树中脱颖而出呢?

说到蚬木,许多人都会联想到广西赫赫有名的特产——龙州砧板。有"铁木"别称的蚬木,以硬度高、纹路美而闻名于世,常用于制作高级家具、建筑构件等。

蚬木的材质究竟硬到什么程度?

如果用手敲击蚬木,会听到像敲击金属一样的铿锵声。坚硬的蚬木,连钉子都难以钉入。所以,人们又将蚬木形容为"刀枪不入"的木材。

一般木材的气干密度(木材干透之后气干材质量与气干材体积之比)比水小,所以会浮在水面上。而蚬木的气干密度达到每立方厘米 1.07 ～ 1.18 克,比水的密度要大。如果将蚬木放入水中,它会立即下沉,就连蚬木的木屑,也会像沙子一样沉入水底。

树龄高达 2300 年的"枫木王"

蚬木之所以如此坚硬，和它们的生长环境、生长特性有着密切关系。

广西龙州、大新一带的北热带石灰岩季雨林地带，是我国蚬木的主要分布区。石灰岩地区养分相对贫瘠，生长缓慢的蚬木将它们坚韧的根深深扎进一道道岩缝之中，充分吸收着岩石中的钙质矿物与其他养分，它的木质因而变得格外坚硬。

蚬木属于阳性树种，具有较强的趋光性，向阳的一面生长快，背光的一面生长慢。于是，它们躯干中的年轮纹理也就像江河中蚬壳的纹理一样，呈现一面宽一面窄的奇特形态。因为这一奇特的纹理形态，它得到了"蚬

江河中的蚬壳

蚬木年轮纹理与蚬壳纹理极为相似

木"这个形象的名称。

前往龙州县陇呼屯探访"蚬木王"，是一趟令人心旷神怡的旅程。沿途只见石峰林立，清溪潺潺，林木茂密，有点"小桂林"的风味。立于路旁的标示牌告诉人们，这里已经属于广西弄岗国家级自然保护区的地界。

抵达陇呼屯，举目望去，只见一座并不高大的石山立在前方。村里人把这座山叫作村后山。山腰间，生长着一片浓密的树林，一株株高大树木的叶片在阳光照射下闪放着油亮的光彩。

沿山间石板路蜿蜒而上，绕过一处坳口，只见一株伟岸的巨树赫然立于岩壁高处。那气势，仿若一位身披铠甲、威风凛凛的将军。

这便是赫赫有名的"蚬木王"！站在这位王者面前，每一位来访者都会顿时感觉到自己的渺小。

立在树旁的告示牌，标注了"蚬木王"的相关数据：胸径 2.99 米，树高 48.5 米，平均冠幅 17 米，立木材积 106.8 立方米。

这是国内目前发现的胸径最大的蚬木，必须有 12 个成年人手牵手才能将它合抱起来！

"蚬木王"的树龄是怎么确定的呢？

2003 年，广西大学林学院教授曾经慕名到现场考察测算，得出的结论是：树龄在 2300 年左右。

照此推算，"蚬木王"的出生年代可以上溯至遥远的战国时代！

扎根于嶙峋岩石上的"蚬木王"，何以在贫瘠的石灰岩山地中生长得如此长久，如此高大伟岸？

顺着"蚬木王"裸露于地面的树根一路追寻，可以见到一条条粗壮的树根如同巨蟒一般扎入四周石缝之中，将坚硬的岩壁撑开。其中一条树根扎入岩壁后，在 20 米开外的地方又露出头来，继续蜿蜒向前，锲而不舍地延伸、拓展着自己汲取营养的地盘。

在"蚬木王"周边，还簇拥着 3 株胸径超过 1 米、树龄达到上千年的古蚬木。它们应该是"蚬木王"的子

伴生的千年蚬木

孙吧!

在当地村民的记忆里，三四十年前，附近山弄里到处都是蚬木。在那个缺乏环保意识的年代，随着人类无节制的砍伐，一片片蚬木林相继消失，唯有立在村后山的"蚬木王"无人敢砍。因为，在村民们心目中，伟岸的"蚬木王"是高公的化身。

高公，是当地民间故事中的一个传奇人物。

相传，公元前214年，秦军大举南下，在广西境内与当地西瓯人展开激烈战斗。战败的西瓯人纷纷逃进深山避难。这时，一位叫高公的头领带领部落民众沿左江进入龙州，在如今陇呼屯一带山弄里安营扎寨，以游猎维持生计。

一天，一只饥饿的老虎下山捕食，将寨子里一位妇女扑倒在地。众人在惊呼中四散奔逃，高公却手举长矛飞奔上前。一番血腥搏斗后，被长矛刺穿咽喉的老虎倒地而亡，高公也在搏斗中被锋利的虎爪勾断脖子，倒在血泊中……

悲伤的族人将高公安葬在村后山上，年年祭拜。一次，前往祭拜的村民惊奇地发现：坟墓旁长出一株蚬木！

这株蚬木就是高公的化身吧？众人心存敬仰，悉心护理。历经成百上千年风雨沧桑，蚬木终于长成参天大树，成为蚬木中的王者。

在当地人心目中，"蚬木王"早已与高公融为一体。每到农历三月初三，附近村庄的民众都要聚集到"蚬木王"脚下祭拜祈福。

一个神奇故事，一份精神寄托，保护并成就了"蚬木王"。

在陇呼屯被划入广西弄岗国家级自然保护区范围后，"蚬木王"又得到了林业技术人员更为科学的养护。

一位记者前些年去探访"蚬木王"时，曾看到树下横躺着一根从"蚬木王"主干上掉落的枝干。这根长 10 余米的枝干直径接近 1 米，木质异常坚硬。

当时，这位记者认为，既然是自然掉落的枝干，人们完全可以利用它来制作砧板等物件。然而，两年后这位记者旧地重游，惊奇地发现，掉落的枝干竟然还躺在原地！

面对如此粗壮的一根蚬木，难道就没有人动心吗？

当地林业科技人员告诉记者，"蚬木王"掉落的这根断枝已经在地上躺了 10 年之久！刚掉落时，曾有人闻讯赶来，出高价购买。然而，按照相关规定，自然保护区内的地貌环境必须严格维持自然状态，避免人为干预。于是，这根掉落的枝干便长年累月地保持着它掉落时的形态，静静陪伴在"蚬木王"的身旁。

令人欣喜的是，在总面积约 1 万公顷的弄岗国家级自然保护区范围内，森林覆盖率已高达 98.8%。站立在高山上举目四望，只见保护区到处都是浓荫密盖的绿色景观。

"蚬木王"，携带它的子子孙孙在这片幽深的山弄里逍遥自在地生长着。最美的它，在这片神奇的土地上繁衍出一片又一片最美的风景！

蚬木古树群

大榕树下忆三姐

　　一说到广西旅游名县阳朔，人们会自然而然地联想到优美的漓江风光。然而，许多人不知道，漓江有一条支流叫金宝河，两岸群峰竞秀，平畴沃野，村寨古朴，绿荫如盖，同样美如世外桃源。一提起金宝河边的大榕树，几乎无人不知、无人不晓。20 世纪 60 年代初，电影《刘三姐》在桂林阳朔拍摄外景时，曾经以这株大榕树为场景，拍摄刘三姐与阿牛哥"抛绣球定情"这段重头戏，大榕树从此成为当地著名景点。

　　2023 年 9 月，这株大榕树入选中国"100 株最美古树"。

　　这株赫赫有名的大榕树，树高 18 米，树围 7.05 米，树龄 1500 多年。树干腰部，一根长 10 多米的粗壮枝干贴着地面横伸而出，既像一只力举千钧的巨臂，又似一条蓄势待飞的巨龙。20 多根从枝干间抽发而出的气生根，深深扎入地下。这些气生根具有从潮湿空气中吸收水分的功能，一旦扎入泥土，便会迅速成长为粗壮的支柱根。得到众多支柱根鼎力支撑的大榕树，粗壮的枝干不断向四周扩展，树冠覆盖面积 1500 多平方米，形成气势磅礴的独木成林景观。

　　一座村庄与大榕树隔河相望。村庄旁，孤独地矗立着一座石山，山腰石块坍塌，形成一个穿透山体的大洞。人们就将这座村庄叫作穿岩村。

据村里老人相传，金宝河边这株大榕树在隋朝开皇十年（590年）阳朔县得名之时就已存在。选择远离村庄的河岸边种树，是村民们依据榕树强大的生长力做出的明智选择。

在南方一些地方，流传着"榕树不容人"的说法。乍一听，好像是一种迷信观念。其实，结合榕树的生长特性，这话有一定科学道理。因为榕树的生命力非常旺盛，栽种十年二十年后，它强劲的根和不断抽发的气生根会不断拓展地盘。如果把榕树种在靠近房屋的地方，它强劲的根就可能会拱坏墙基，造成安全隐患。因此，人们种植榕树都会尽可能避开人类居住的房屋，选择村

隔河眺望大榕树

口、广场、河岸、码头等空旷地带。

随着岁月流逝，生长在金宝河边的这株榕树终于长成了参天大树。河边穿岩村、竹苑寨村一带村民多为壮族，自古便有着将古树敬为神灵的习俗。这株千年大榕树，自然成为大家心目中最敬畏的神灵。每逢农历初一、十五都会有人来到树下，在树干上贴红纸，在树根处烧香，拜大榕树为"干妈"，祈愿"干妈"保佑自己和家人健康长寿、儿孙满堂。

1960 年春季的一天，村民们听说有演员来大榕树下拍电影，都好奇地拥到金宝河边看热闹，只见一个健壮小伙子在河上撑船，一个身着漂亮古装的少女则在大榕树下反复练习着抛绣球的动作。

电影公映后，大家才知道：撑船的是阿牛哥，抛绣球的是刘三姐，他们在大榕树下演绎了一段美好的爱情故事。

作为刘三姐与阿牛哥忠贞爱情见证者的大榕树，从此又多了一个身份——年轻人心目中的"爱情树"。

改革开放后，阳朔成为中外游客向往的旅游胜地。蜂拥而来的游客，慕名来到金宝河边，一睹大榕树伟岸的风采。一些有情人甚至不远千里专程来到大榕树下，相约百年，情定终身。

在大榕树景区，流传着这样一个真实故事：1963 年，一位叫陈光鑫的新加坡青年与女友来阳朔旅游，在大榕树下订下婚约。婚后，夫妻俩每年都会在订婚的日子来到大榕树前朝拜。22 年后，陈光鑫的儿子和恋人也像长辈一样来到大榕树前订婚。两代人接力成就了一段当代版"刘三姐与阿牛哥"的定情佳话。

　　大榕树的名气，金宝河沿岸的优美风光，吸引着越来越多的中外游客慕名前来。游客来得多了，头脑灵活的村民们便想方设法做起了旅游生意。

　　一位叫徐小妹的村民，当年曾经在电影《刘三姐》里担任群众演员，围在刘三姐身边合唱山歌。摄制组在大榕树下拍完"抛绣球"那场戏后，徐小妹在大榕树下捡到一个绣球。她把绣球带回家细细观赏，一层层拆开，搞清楚内部结构，又照原样缝好。反复几次，便掌握了制作技艺。

　　旅游热兴起后，徐小妹制作的绣球成为大榕树景区的特色旅游纪念品。许多游客都喜欢在大榕树下买上绣球，带回去作为到此一游的纪念。

　　过去守着大榕树过清贫日子的村民们，也纷纷参与旅游开发，开办农家旅馆、农家饭店，日子越过越幸福。

　　被人们视为"干妈树""爱情树"的大榕树，如今又成了带动村民致富的"摇钱树"。

独木成林

榕津"十秀"

　　榕津村，许多人一看这个名称就能猜想到这个村庄一定和榕树、渡口有着密切关系。

　　位于广西平乐县的榕津村，始建于宋代绍兴元年（1131年）。平乐县境内最长的内河榕津河绕村而过，虽然全长不过78.93千米，但在以水路交通为主的古代却是舟楫川流不息的"黄金水道"。由榕津河入茶江，再分别进入漓江、荔江和桂江，溯流而上可达阳朔、恭城及桂林市城区，顺流而下可至梧州、广州。

　　榕津村村口，如今依然立着一座古门楼。门楼上刻有"通津履泰"4个大字。"通津"指的是四通八达的渡口，

古榕树伴着古门楼

"履泰"意思是出行一路平安。

据榕津人族谱记载，他们的先祖是沿着上、下两条水路辗转到此定居的。上路，由湖南、江西顺流而下；下路，由广东、福建逆流而上。流行于湘、赣的农耕文化，流行于粤、闽的商贸文化、榕树文化，在这里相遇相融。

如今，水路交通早已衰落。当年商贸文化的印迹，仅留存在榕津老街那一排排古朴的老商铺里。由闽、粤流传而来的榕树文化，却伴随着榕津人的生活绵延至今，成为榕津村最令人赞叹的一道自然、人文景观。

在地处中、南亚热带的广西，榕树随处可见。作为热带、亚热带植物中最大的木本植物之一，榕树依靠枝干扦插就能存活，而且生长速度极快。在温湿环境中长大的榕树，冠大干粗、枝叶繁茂、四季常青、独木成林，备受民众喜爱。

生长在榕津村里的古榕树多为雅榕。雅榕与榕树（广西俗称"小叶榕"）同为榕属常绿乔木，叶片也都比较小，长得十分相似，许多人常常把这两种树混为一谈。其实，雅榕和榕树有明显的区别：雅榕的树皮为褐红色，呈大块脱落；小叶榕树皮为灰白色，呈鳞片状脱落。

在生活中与榕树朝夕相处的榕津人，凭借丰富的想象力和高超的鉴赏水平，赋予村中古榕树许多美好的文化寓意。身形高大、饱经沧桑的古榕树，在榕津人眼里既是思乡情感的寄托，又是宽厚包容、健康长寿的象征。

流行于榕津的榕树文化最经典的代表，就是挺立在村口、路边、码头和水塘边的 10 株造型奇特的古榕树。像对待家中亲人一样，榕津人以"秀"字排辈，为每一株榕树起了名号。

在 323 国道拐入榕津老街的丁字路口，两株高大古榕树隔路相望。榕津人分别为它们起名"福秀""香秀"，别称"永福古榕""迎宾古榕"。它们是榕津的"迎客榕"。

穿过"迎宾古榕"浓密的树荫，很快便在稻田边见到一株树围粗约 6 米的古榕树。树下所立告示牌告诉行人，这株古榕树名叫"运秀"，别名"凉伞古榕"。也许是因为树形如伞，让人产生得到荫庇的期望，在"凉伞古榕"粗壮的树干上，常常贴着一张张表达心中祈愿的红纸。

临近村口，只见一株胸围达到 15 米的千年古榕树霸气地横在路上。几条粗壮的气生根从主干腰部斜伸而出，扎入地下，形成天然的弧形拱门。进村的道路，便从拱门之下穿过。

在榕津人眼里，这株古榕树的姿态很像传说中专为有情人牵线搭桥的月下老人。于是，榕津人为它取名"红秀"，别名"月老古榕"。树根处，还稳稳地安放着"泰山公""泰山婆"的石雕像。

形态最为奇异的，是与"月老古榕"相邻而立的另一株千年古榕树——"连秀"。胸围达 16 米的主干，与两根围径分别为 5 米、6 米的粗壮气生根连为一体，相互纠缠、支撑；另有 7 条气生根则分头延伸而出，扎入地下。有趣的是，原本连接主干和支干的那段横枝不知在哪一年折断消失。于是，很多不知缘由的游客会把"连秀"看成各不相干的两株甚至三株古榕树。

即便枝干不再相连，根系却依然在地下紧密连接。榕津人于是给"连秀"起了一个别号"连心古榕"。

天然拱门"红秀"

双拱并立

千年雅榕"连秀"独木成林

　　"连心古榕"脚下，立着一块"青云直上"石碑。
碑上，一位身着宋朝官服的男子头顶一本展开的书，手
持写有"天宫赐福"字样的绶带，脚踏祥云，腾空而起。

　　这块石碑的寓意，自然是激励年轻人读书上进、平
步青云啦！

　　穿过"通津履泰"古门楼，沿光亮的石板老街来到
榕津河古渡口。渡口旁，一株名叫"菜秀"的古榕树侧

紧贴楼房的古榕树"菜秀"

身紧贴着一栋楼房的外墙。舒展的枝干，浓密的树叶，将楼体、渡口和一口古井全部荫盖起来。古井名为"长寿井"，"菜秀"也便因此得到一个别称"长寿古榕"。

来到南街口，只见榕津河边挺立着一株满目苍凉的古榕树。它的主干在 2008 年 7 月被一场大洪水冲倒，胸围达 6 米的支干继续生长，顽强地延续着生命的旅程。树下有一座土地庙。在村民们心目中，土地爷兼有财神爷功能，于是这株古榕树得名"财秀"，别号"生财古榕"。

沿榕津河行走，在榕津大桥旁见到了"子秀"。一些求子心切的村民，喜欢到"子秀"树荫下许愿，祈盼家中人丁兴旺，这株古榕树由此又得到"旺丁古榕"的别号。

既要人丁兴旺，又要平平安安。立在十字街太平门旁的古榕树被称为"平秀"，别名"太平古榕"。

10 株古榕树中，唯一不能再称为古树的是立在鱼塘边的"春秀"。据说，原来的"春秀"也是一株古榕树，树干胸围 6 米，树高 20 余米。20 世纪 70 年代末，"春秀"被一场洪水冲倒。20 世纪 90 年代初，榕津人又在鱼塘边补种了一株榕树，同样以"春秀"命名。

如今，"春秀"已经亭亭玉立。让榕津人惊喜的是，一般榕树要长到一定高度才开始分枝，"春秀"却一出土便分出 7 根枝杈。照此预测，将来"春秀"的枝干会长成美丽的菊花形状。因为"春秀"的长势令人称心如意，村民们便叫它"称心榕"。

古老的榕津，就这样在浓郁的榕树文化氛围中繁衍壮大，生生不息。

敬畏南酸枣

在桂林全州县才湾镇毛竹山村后山，挺立着一株树龄 800 多年的南酸枣树。

2021 年 4 月 25 日至 27 日，习近平总书记来到广西，进村庄、入企业、察生态、探民生，就推动经济高质量发展、加快推进乡村振兴、保障和改善民生、搞好民族团结进步等进行调研。在新华社发布的《"加油、努力、再长征！"——习近平总书记考察广西纪实》特稿中，描述了这样一个生动的情景：4 月 25 日上午，习近平总书记到全州县才湾镇毛竹山村考察时，在后山这株刚劲挺拔的南酸枣树下感慨道："我是对这些树龄很长的树，都有敬畏之心。人才活几十年？它已经几百年了。"听毛竹山村村民介绍了村里对古树和生态环境的保护情况后，习近平总书记语重心长地说："环境破坏了，人就失去了赖以生存发展的基础。谈生态，最根本的就是要追求人与自然和谐。要牢固树立这样的发展观、生态观，这不仅符合当今世界潮流，更源于我们中华民族几千年的文化传统。"

总书记的话，让毛竹山村村民备受鼓舞。回想这株南酸枣树饱经沧桑的成长过程，村民们深有感触：正是抱着一颗对古树的敬畏之心，这株南酸枣树才能历经数百年风雨依然枝繁叶茂、生机勃勃。

　　顾名思义，毛竹山村因漫山遍野生长着毛竹而得名。这座拥有 46 户人家的村子，以王姓为主。据村中《王氏族谱》记载，早在 300 年前，王氏祖先从湖南常德辗转迁居到这里。建村之时，后山这株年岁最老的南酸枣树就已成为村民们眼中的保护神。

树龄 800 多年的南酸枣古树

在村里老人的记忆里，当年的后山古树林立，灌木丛生。在众多松树、枫树和茂密竹林的簇拥下，南酸枣树悠然自在地生长着。

20世纪70年代末，地处偏远山区的毛竹山村还没有通电。为了早日用上电灯，村民们不得不进山砍树，卖树换钱，架设电线。一时间，山里茂密的树林被砍伐一空。当砍到南酸枣树身边时，村民们停下了脚步。

这株南酸枣树在大家心目中太神圣了，谁也不忍心对它动刀斧。

20世纪90年代，城市里兴起了房地产开发热潮，不少开发商走进大山，搜寻、移植珍稀古树。一天，一位外地客商来到毛竹山村，一眼就相中了后山这株南酸枣树，提出愿意以40万元的价格购买。

在那个生活尚不富裕的年代，40万元在村民们眼里如同天价，一些村民动了心。但是，在大多数村民心中，自古便伴随、守护着毛竹山村的这株南酸枣树的分量比金钱更重。虽然外地客商挨家挨户游说，但村民们最终决定：留下南酸枣树，让它永远守护毛竹山村！

有幸躲过人类刀斧砍伐的这株南酸枣树，却没能躲过大自然雷电的袭击。

村里几位年近八旬的老人记得，南酸枣树曾经多次被雷电劈中，粗壮的枝条断了好几根。忧心忡忡的人们一直等到树干断裂处萌发新的枝条，才放下心来。村里孩子们更是高兴，因为他们又能尝到南酸枣树酸到让人流口水的果实了。

说起南酸枣，很多人会把它和酸枣当成同一种植物。其实，生长于南方的南酸枣和生长于北方的酸枣是完全不同的两种植物。

分布于我国北方地区的酸枣，是鼠李科枣属枣的一个变种，学名就叫酸枣，和人们经常食用的红枣是近亲。酸枣植株多为矮小灌木，果实也小，果肉较酸。

和矮小的酸枣不同，生长于我国长江以南地区的南酸枣是漆树科多年生乔木。其体型高大，树龄也长，可

生长在北方的酸枣

以达到几百年乃至上千年。也许是因为果实形状和酸枣果实有些类似，并且酸味同样浓烈，人们便为它起名南酸枣。

南酸枣和酸枣除了体形上的差别外，果实成熟后的颜色也不一样。酸枣果实成熟后呈红色，南酸枣果实则为黄色，而且果核上有 5 只凹陷的"眼睛"。所以，民间又把南酸枣果实称为"五眼果"。

用"五眼果"加工制作的酸枣糕，是许多南方小朋友喜爱的美食。除了美味的果实，南酸枣的树皮和大多数漆树科植物一样，可以用来提取化工原料——栲胶。作为一种生长速度快、适应性强的乔木，南酸枣树一直被林业技术人员视为优秀的速生造林树种。

为了确保毛竹山村这株南酸枣树能健康生长，当地林业技术人员用弹性波树木断层画像诊断仪对它进行检

南酸枣果实　　　　　　　　果核

南酸枣古树苍劲的枝干

测，查看因虫害和自然衰退导致的树木木质腐烂情况；
用树木雷达检测仪检测树干内部腐朽程度和地下根系的
分布情况。同时，在不损伤古树树体的前提下，还从树
根到树梢为南酸枣树进行了一次全面"体检"，并制定
相应的"科学复壮"方案，确保这株令人敬畏的南酸枣
树继续焕发勃勃生机。

"毒树"见血封喉

在广西绿意盎然的山野、乡村间，你偶尔会遇见这样一种树，它的名字让人一听便心生畏惧——见血封喉！

在许多人心目中，和毒蛇一样令人畏惧的见血封喉是植物中的强者。然而，在现实生活中，我们却很少听到这种"毒树"伤害别的物种的新闻。相反，它们总是在被别的物种伤害后轰然倒下……

在广西北海市合浦县山口镇永安村，有一座明代的著名古建筑——四牌楼。距离大海不过一里地的四牌楼，建成于明成化五年（1469年）。到清代，因阁楼上供奉观音大士，当地人又称之为大士阁。

古朴、典雅的大士阁吸引了众多游客前往探访。观赏大士阁的人们会留意到，距阁楼不远处，傲然挺立着一株造型奇异的古树。斑驳的树干十分粗壮，五个成人才能把它合抱起来；鱿鱼须一般的树根深深扎入泥土之中，稳稳地支撑着30余米高的树身；树梢上，遒劲的枝干扭曲着向四周伸展。一眼望去，古树就像一

位身披铠甲、手握兵器、威风八面的将军。

　　这是一株什么树呢？当人们好奇地走近树身，细看挂在树干上的古树保护牌时，会顿时吓得睁大双眼——见血封喉！

北海市合浦县山口镇永安村的大士阁

曾经挺立在永安村的见血封喉古树

这株树龄 500 多年的古树，竟然就是大名鼎鼎的"毒树"！

看到游客吃惊的神色，村民们会微笑着安抚道："虽然传说中见血封喉毒性很大，但村子里大人、小孩都不怕它，也没发生过什么中毒事件。不过，听老一辈说，当年附近沿海的守军曾经用它的汁液来浸泡刀箭，对付入侵的倭寇。"

在我国，见血封喉主要分布于广西、广东、云南、海南等地。古时，山林中的原住民曾经将见血封喉的树汁涂在箭头上射猎野兽。东印度群岛的原住民与入侵英军交战时，也使用涂有见血封喉汁液的毒箭杀敌，令英军为之胆寒。所以，见血封喉又有另一个名称——箭毒木。

当年，生活在广西乡野之间的民众苦于官兵、匪寇欺压，用同样的方法对付来犯者。据史料记载，北宋年间调任邕州知州的侯仁宝外出巡游时看到有人在圩市里出售见血封喉枝干，心生忧虑，便奏请朝廷下令砍伐这种"毒树"。到了清代，听闻见血封喉毒性强烈的雍正皇帝也为此忧心忡忡，下令广西官员砍伐。

如今，生长于广西各地的见血封喉十分稀少，大概和当年统治者的砍伐令有密切关系。

其实，见血封喉的汁液也并没有如此令人恐惧的杀伤力。不会使中招者立即毙命。

相关专家曾经从见血封喉汁液和种子中分离出包括强心苷类物质在内的 30 多种化合物。强心苷类物质进入人体会快速引发心律失常，引起窦性心动过缓及传导阻滞，导致心室颤动，使人失去运动、战斗能力。

然而，毒性物质往往是一柄双刃剑。见血封喉的汁液又有着独特的药用价值，是加强心肌收缩、治疗充血性心衰的重要药物原料。另外，海南、云南等地的原住民还曾经利用见血封喉厚实、富含柔韧纤维的树皮制作褥垫、衣服，制成的褥垫、衣服既轻柔、保暖又富有弹性。

令人遗憾的是，在永安村挺立了 500 余年的那株见血封喉，因护理不善，于 2021 年干枯而死。

和永安村这株见血封喉有着同样命运的，还有曾挺立在南宁市江南区江西镇木村坡的一株树龄 320 多年的见血封喉。

2009 年 6 月底，媒体报道了木村坡这株见血封喉濒危的消息。专家闻讯赶到现场，发现这株三权分立、造型优雅的见血封喉树干上布满虫洞。专家喷洒农药时，从虫洞里爬出的白蚁、天牛数不胜数，纷纷跌落，砸得专家头上的安全帽"砰砰"作响！

虽经全力救治，但这株见血封喉最终还是轰然倒下了。

一株又一株见血封喉的离去，让人不由得心生感叹：这种以"毒"闻名的奇树，生命力其实相当脆弱！

失去珍稀古树后的木村坡人痛定思痛，加强力度维护、改善村里的自然生态环境。

在木村坡村口，10 多株老树相互依存，傲然挺立，组成一片绿色群落。处于群落中心位置的是一株体态庞大、树龄 190 多年的高山榕。巨大的榕树板根在地面盘旋，让人不由得联想到西双版纳热带雨林里常见的情景。两株遍体青苔的香樟树立在一旁，树龄已经超过 360 年。

与苍老的香樟树相对而立的，是两株刚劲挺拔的见血封喉，枝叶茂密的它们树龄分别为 130 多年和 120 多年，看上去正当壮年。围绕在见血封喉周边的榕树、假苹婆、樟树等老树，树龄也都接近或达到百年。

木村原名石村，建村至今已经有将近五百年光景。后来之所以改名为木村，据说是受"五行"之说影响，也寓含村子里树木茂密的意思。

在大伐树木的那个"跃进"年代，村口这片茂密的古树林之所以能幸存下来，和村里人把这片树林视为"风水林"有密切关系。在木村人心目中，这片树林具有"神力"，能庇佑风调雨顺，家人平安。于是，村民们在古树群落中设立神龛，四时香火不断。

两株见血封喉虽然在村口挺立了上百年，但村里人很长时间都不知道它们真正的名字。大家按老一辈相传的说法，叫它"梓木梓"。春夏交替时节，"梓木梓"花朵盛开，香气扑鼻，孩子们都喜欢到树下嬉戏玩耍。

后来，木村坡一位在南宁工作的文化人到青秀山游览时，发现山中一株见血封喉和村里的"梓木梓"十分相像，便邀请广西大学林学院专家到木村坡查看，专家确认村里的"梓木梓"正是见血封喉。

自从后山那株见血封喉 10 多年前因虫害倒下后，村民们在林业专家的指导下加强了对幸存的这两株见血封喉的护理。如今，这两株著名的"毒树"在大家眼里成了村子里最珍贵的"宝树"。

古樟守古道

在桂东北气势磅礴的都庞岭、萌渚岭之间，有一条由青石板、鹅卵石铺设的道路在大山和村寨、田野间蜿蜒延伸，北接湖南潇水，南连贺州。这条道路，就是开辟于秦始皇二十八年（公元前219年）的潇贺古道。

作为"中国十大古道"之一，历经两千多年沧桑变迁的潇贺古道沿线至今依然存留着许多具有历史意义和文化意蕴的遗迹——古村落、古庙宇、老桥梁、千年古树……

广西贺州市富川瑶族自治县朝东镇龙归村，是潇贺古道上一座古老的村寨。沿着潇贺古道寻古访幽的人们，每当经过龙归村村口，都会不由自主地停下脚步。吸引他们的，是挺立在村口的一株气势磅礴的香樟树。

香樟树主干胸径宽3米多，树高23米，树龄1400多年。这株香樟树的诱人之处，在于它苍劲扭曲的枝干像龙爪一般恣意向四面伸展开来，仿佛一条即将

广西"十大最美树王"之一的龙归村千年古樟树

腾空而起的巨龙，气势逼人。

古香樟树周边的环境，经过了一番精心整治。一排排绿树，如众星捧月一般环绕在古香樟树周围。树林中，静静立着一座仿古凉亭。凉亭中，时常有村民在静坐、聊天。

每当有过路行人面对古香樟树啧啧称奇时，村民们就会主动充当解说员，讲述这株古香樟树的光彩历史。

在村民们的记忆里，如今相当安静的龙归村曾经有过相当热闹的时候。那时，潇贺古道穿村而过，南来北往的客商川流不息。改革开放后，凭借靠近朝东镇的地域优势，龙归村比那些地处偏远的村寨更早、更快地走上了富裕之路，一栋栋新楼房拔地而起，一座座古老的宅院相继消失。

当乡村旅游热潮在潇贺古道沿线兴起时，偏远村寨中遗存的一座座蕴含丰富历史文化信息的古老宅院，成为人们最感兴趣的游览目的地。眼看着游客们一拨拨经过村口，往遗迹保存完好的古村寨涌去，龙归村村民感受到了深深的失落。环顾自己的家园，除了村口那株千年古香樟树和田间那座建于清代的风雨桥，龙归村已经不剩什么值得炫耀的历史遗迹了。

龙归村建于清代的风雨桥

香樟树，是贺州市的市树。据统计，贺州市登记在册的古樟树有5300多株。然而，论年岁之老，论长势茂盛，论形态壮观，没有哪株香樟树敢和龙归这株比试！

于是，千年香樟树便成为龙归人心目中幸存的"宝贝"。

谈起这株古香樟树的历史，龙归人最津津乐道的是一桩发生在20世纪40年代的往事。当时，村里人决定修筑一条通往外村的石板路。按最佳路线，石板路要经过这株香樟树的身旁。动工修路时，村里一些有远见的人提出：道路离香樟树太近了，终日人来车往，难免会对古树造成损伤。

大家一听，觉得有道理。于是，改变路线，让石板路远远地绕开古香樟树。

20世纪60年代，村里人吃惊地发现：古香樟树靠近根部的树皮开始干裂、脱落，甚至出现了一个个树洞。如此发展下去，这株古树终有一天难以支撑自己沉重的身体！

大家一商议，决定采用祖传的土办法——隔一两年就在古香樟树的根部填一次土。持续若干年后，发现这一招果然管用，树干上几个大洞渐渐地缩小了，树皮也不再脱落。

1984年，当地政府开工修筑公路，设计路线正好从香樟树下穿过。村民们提出异议后，道路再一次为这株古香樟树绕弯改道。

在龙归村村口默默挺立了上千年的香樟树，在2018年终于迎来了外界关注的目光。这一年，广西壮族自治区绿化委员会组织开展"寻找广西最美古树"活动，龙归古香樟树经群众推荐、专家评议，跻身广西"十大最美树王"行列。2023 年 9 月，龙归村古香樟树又入选我国"100 株最美古树"。

在乡村旅游热潮中备感失落的龙归人，终于在荣誉加身的千年古香樟树身上找回了自信。

为了让古香樟树周边环境与"最美树王"称号相衬，龙归人出钱、出力，在古香樟树周边修筑花坛、建造亭阁、广植绿树，打造起一座"龙归公园"。龙归村，又成了往来旅客歇脚的好地方。

然而，忧患再次出现！为了让古香樟树更安稳地生长，村民们用砖头、石块和水泥在古树的根部砌起一圈护墙以确保它不受行人和动物干扰。不料，受到如此"重点保护"的古香樟树反倒日渐发蔫，渐渐失去绿意与生机。

束手无策的村民们请来林业技术人员为古香樟树"看病"。技术人员考察后得出结论：在古树根部垒砌护墙、铺设水泥的做法属于"过度硬化"行为，不但不能对古树起到保护作用，反而会阻碍古树根部的透水、透气，长此以往可能会造成古树死亡！

恍然大悟的村民在技术人员指导下，将原本封闭的护墙拆除，更换为透气、透水的镂空护墙。渐渐地，千年古香樟树生机再显。

类似的古树"过度硬化"现象给林业部门提了一个醒。技术人员经过普查，发现广西古树名木"过度硬化"现象十分普遍。于是，相关管理部门下发通知，开展古树名木"过度硬化"专项整治行动。一场对古树名木进行抢救、复壮的行动在广西全面展开……

"荔王"的身价

每到 6 月盛夏时节，有"中国荔枝之乡"美称的广西灵山县便成为人们向往的地方。此时的灵山，红艳艳的荔枝挂满枝头，空气中飘溢着芬芳的果香。

在灵山，新圩镇邓家村是一个最引人关注的地方，因为这里生长着一株树龄 1500 多年的古荔枝树。据相关人士考证，这是我国至今存活着的树龄最大的一株古荔枝树，堪称"荔王"。

走进邓家村，便仿佛进入了一座"古荔枝树公园"。田地间、村道旁、宅院里、水塘边，随处可见苍劲挺拔、虬枝扭曲的古荔枝树，树龄从三百到五百年不等。

在一片开阔的坪地前，一株苍劲挺拔的老荔枝树让过往行人不由自主地停下脚步。粗壮的枝干，斑驳的树皮，记录着岁月的悠远与苍凉；遮天蔽日的枝叶，绿里透红的果实，又述说着生命的旺盛与顽强。

树前临时搭起的竹架上，一块红色广告牌上醒目地标注着一行文字：灵山千年香荔，888 元／斤，68 元／颗。

这，就是远近闻名的"荔王"了！

"荔王"一侧，有一块灵山县政府立于 1999 年 5 月的文物保护石碑。当地农业部门也将"荔王"的相关信息刻在一块大理石石板上。细读石板上的文字，可知"荔王"的品种为灵山香荔，树干周长达 6.15 米，树高 13 米多，树冠直径 15 米。

"荔王"的树龄，是用科学方法测定的。1963 年，我国著名生物学家蒲蛰龙教授率队前来灵山考察，测定这株古荔枝树的树龄超过 1460 年。

照此推算，"荔王"的种植年代为公元 503 年左右。当时，正值我国南北朝时期，南朝梁国刚刚建国，君主励精图治，社会经济繁荣。幼小的"荔王"，便在这样一种蓬勃向上的氛围中生根抽枝，茁壮成长。

如今的"荔王"，虽历经千年风吹雨打、岁月更替，但却依然枝叶茂盛，生机勃勃，年年开花结果。

千年"荔王"的果实，吸引了众多好奇的食客，大

虬枝盘绕的千年古荔枝树

美如盆景的千年古荔枝树

家都想尝尝味道。于是，当地人决定对"荔王"的果实进行竞拍。

2007年6月，灵山荔枝节开幕。近千名游客涌到邓家村，观看"荔王"果实拍卖的场景。烈日下，拍卖师频繁报价，为"荔王"果实的身价卖力吆喝。

一位位竞拍者争相举牌报价，你争我夺。最终，"荔王"的果实以17.8万元的高价成交。那一年，是荔枝结果的"小年"，"荔王"果实的产量只有数百斤。有人按拍卖成交价当场估算，得到的结果是：买"荔王"一颗果实竟然要100多元！

2011年7月初，当地再度对"荔王"的果实进行竞拍。在围观群众一浪高过一浪的呼喊助威声中，竞拍者兴奋地一次又一次举牌加价。最终，一家房地产公司以18万元"天价"拍得"荔王"之果。

讲罢"荔王"的传奇故事，村民们会为进村游览的客人热情带路。来到村委会办公楼前的坪地上，只见5株枝干遒劲的古荔枝树依次排列开来，组成一幅张牙舞爪、翩然起舞的绿色长龙景观。

由于这些荔枝树的树龄都在千年以上，于是，人们又把这片坪地称为"千年香荔园"。

包括"荔王"在内的"千年香荔"的管护人，每年都要通过竞选产生。中标的管护人在获得经济利益的同时，也担负着重大责任。他们既要让古荔枝树多结果，又要确保古荔枝树健康成长。在预防、治理病虫害时，还绝对不允许使用有害农药。

古荔枝树果实的价格如此之高，难道它们的品相和风味真的有与众不同的独特之处吗？

"荔王"和它的管护人

仔细观察，会发现"千年香荔"的果实和市面上销售的普通荔枝果实没有多大区别。品尝一下，清甜爽脆中透着一股淡淡的芳香，它们的风味和普通香荔基本相同。

所以，"千年香荔"的果实能竞拍出"天价"，完全是"物以稀为贵"的结果。

过去，"千年香荔"的果实要么被竞拍，要么被一些实力雄厚的公司高价收购，一般人根本品尝不到。随着社会上廉洁之风日益盛行，"千年香荔"果实的价格也由"天价"逐渐回归本原，"千年香荔"的果实由礼品变成了商品。如今，普通游客来到邓家村，也可以掏钱买上几斤"千年香荔"尝鲜了。

白果之王

桂林市灵川县有个远近闻名的海洋乡。虽然在地理位置上和大海并没有关联，但每到深秋、初冬时节，这里便会成为名副其实的"金色海洋"。漫山遍野的银杏叶片，在这一时节由绿转黄，寒风一起，树上树下满目金黄！

每年11月下旬，是海洋乡最热闹的时节，前往观赏银杏景观的人摩肩接踵。虽然附近每个村寨都有银杏树，但众多游客会把目的地锁定在大桐木湾村和岐岭村，因为那里挺立着桂北地区两株年岁最大的银杏古树。

当地人称银杏的果实为白果。于是，这两株银杏古树又被叫作"白果王""白果王后"。

大桐木湾村的银杏美景令人震撼。村子里随处可见的银杏老树，在山风吹拂下潇洒地将枝头黄叶撒向大地，把村中小道和房屋屋顶装点得金光闪闪。

在金黄的境地里，游客们纷纷摆出自我感觉最浪漫、最优雅的姿势，拍照留念。摄影发烧友则举着"长枪短炮"，四处抓取心目中最独特、最唯美的镜头。村民们也抓住银杏招引来的商机，纷纷在村子里摆卖自家收获的白果、花生、玉米、红薯和柑橘。

一片片耀眼的金黄色彩，释放着惬意，释放着浪漫，释放着追寻与期盼。

诗意大桐木湾

　　2023 年 9 月，大桐木湾村银杏林入选我国"100
个最美古树群"。

　　经过耸立于村中的清代科举石坊，穿过古朴典雅的
"状元楼"，沿着石板铺设的小巷来到村尾后山脚下，
只见一株巨大的银杏树傲然挺立在斜坡上，鹤立鸡群。
苍劲枝干上的黄叶，飘飘洒洒；粗壮的虬根，如龙爪一
般在山石、泥土间蜿蜒伸展。

　　一群好奇的游客想知道"白果王"的腰围到底有多
粗，上了 3 个人才把它合抱起来。

　　在树下摆卖土特产的村民热情地告诉游客：这株
"白果王"树干直径 1.6 米，树高 30 米，树龄达到上千年，
是海洋乡年岁最大的银杏公树。

身姿挺拔的"白果王"

银杏公树树叶（左）与母树树叶（右）

　　银杏树又名白果树，是中生代子遗稀有树种，素有"活化石"之称。作为我国特产树种，银杏树的生长适应性很强，无论是在南方还是北方，都能看到它们挺拔的身姿。

　　有意思的是，银杏树的遗传特性为雌雄异株，有公树、母树之分。

　　如何区分银杏的公母呢？有经验的村民会告诉好奇的游客：先看树体大小。一般雄性银杏树的树体高大、笔直，树干呈三角形。雌性银杏树的树体比同龄公树矮小，树枝开放角度比较大。

　　通过观察银杏树的叶片，也很容易判断出它们的公母来。雄性银杏叶片颜色较深，中间的裂痕也深。雌性银杏叶片颜色较浅，中间的裂痕也浅。

　　雄性银杏树也和雌性银杏树一样开花，但它的花是

银杏雄花　　　　　　　　银杏雌花

为了给雌性银杏树授粉。

　　前来探访"白果王"的游客络绎不绝，不少村民感觉不可理解：为什么都要等到叶子黄了才来观赏呢？其实，这株"白果王"最美的时节是在春天。如果赶在春天来，会看到"白果王"开满一树雄花，大风一吹，花粉四处飞扬，为周边好几千米范围内的银杏母树授粉，那才叫美哩！

　　村民的感慨确实发人深省。游客们追寻的只是单纯的赏心悦目和潇洒休闲，而与"白果王"朝夕相处的村民则品味出一位王者为繁衍生命所释放的活力与魅力。

　　仅有40多户人家的大桐木湾村，房前屋后、田间地头却挺立着数百株银杏老树。当地村民对银杏树何以如此情有独钟呢？

　　在海洋乡，流传着这样一段俗语："家中富不富，先看白果树。四旁银杏树，等于大金库。"当地人为银杏树起了一个别名——"公孙树"，因为自然生长的银杏树通常需要20年才开始结果，40年才能进入结果盛期。银杏树的这一生理现象，被村里人形象地形容为"公

透过银杏望远山

公种树，孙儿得食"。

　　由此，一个习俗便在大桐木湾村流传下来：家里一有孩子出生，家里人便在房前屋后、田间地头替他种上一株银杏树。等到孩子长大，银杏树也开始结果。如今，销售白果虽然早已不是村民们的主要经济来源，但是种树的习俗却一直传承至今。

　　一株株茁壮成长的银杏树，寄寓的是长辈对后代健康成长、丰衣足食的深切祝福。

姿容优雅的"白果王后"

告别"白果王",不少游客会踏着铺满银杏黄叶的山间小道,继续前往几千米外的岐岭村。

与游人如织的大桐木湾村相比,岐岭村显得相当幽静。没有多少人知道:这里,静静耸立着一株年岁并不亚于"白果王"的银杏母树——"白果王后"!

高30米、树干直径达1.7米的"白果王后",比"白果王"更为茂盛。但是,仔细观察,会发现白果王后粗壮的腰杆间有一节断枝,那是2011年5月在一场暴雨中被雷电劈断的。据附近的村民回忆,当时,粗壮的树枝在风雨中"轰"的一声砸下来,把树下房屋的屋檐都压塌了。但在闻讯赶来的技术人员和村民们的精心护理下,遭雷电袭击的"白果王后"很快恢复生机。每到丰年,"白果王后"奉献的果实多达上千斤。

优雅的姿容,旺盛的生机,"白果王后"的魅力让每一位来访者流连忘返,甚至勾引起一些人的占有欲望。

一位房地产老板曾经向村民们提出:愿意花20万元购买,把"白果王后"移植到他开发的楼盘里去。

村民们的回答是:这株古树是绝对不能卖的,因为它是我们岐岭村的"王后",是我们海洋乡的"王后"!

奉献一树白果,留下满地金黄。面对彰显王者风范的"白果王"和"白果王后",每一位来访者都会有所感悟。

在两位王者身上,孩子们会看到金色童话;年轻人会感受到浪漫情怀;那些与古树一样历经岁月沧桑的中老年人,领悟到的则是无私奉献的纯洁与繁华飘落的凄美。

古树吞碑

"北有长城，南有灵渠。"这是我国著名历史学家郭沫若先生对灵渠历史地位和作用的由衷赞叹。

位于广西兴安县的灵渠，开凿于2200多年前的秦代。它既是世界上最古老的船闸式运河，也是中国唯一沟通长江与珠江两大水系的运河，与陕西郑国渠、四川都江堰并称"秦代三大水利工程"。

清澈的灵渠之水，至今依然在保存完好的渠道中静静流淌着。渠道边，立着一座古朴的四贤祠。祠堂中供奉着历史上开凿、修复灵渠的四位功臣——秦代监御史禄、汉代伏波将军马援、唐代桂管观察使李渤和桂州刺史鱼孟威。

祠堂后花园中，矗立着一株苍劲、雄健的古树——重阳木。树旁所立古树保护牌告诉我们：这株重阳木树龄780多年，树高20余米，主干胸径为1.36米。

俯瞰灵渠

四贤祠

粗壮的重阳木主干上，隆起几个巨大的树瘤，使原本挺直的主干显得有些臃肿、扭曲。挂满藤蔓的虬枝尽情向四周延伸，将流淌的渠水和祠堂屋顶都荫盖起来。

最令人称奇的是，这株重阳木粗壮的根部竟然张开大嘴，将一块石碑吞入肚中！

这一奇景，让这株重阳木有了一个形象的别名——"古树吞碑"。

一块石碑，怎么会被大树吞进肚子里去呢？

据考证，被吞的石碑镌刻于清代乾隆十二年（1747年），是一块水神碑，原本立在水渠边灵济庙中。后来，庙堂年久失修，水神碑便倒伏在重阳木脚下。

修复后的灵济庙更名为四贤祠，祠中倒伏的水神碑便被僧人用来当搓衣板。日长月久，年复一年，重阳木在200余年的漫长时光里不动声色地一口一口将水神碑渐渐包裹起来，形成如今的"古树吞碑"奇观。

重阳木

（I级别古树）（大戟科）

编号：XA002
学名：Bischotia polycarpa
树龄：780多年

古树吞碑

刚劲挺拔的重阳木

　　"古树吞碑"现象虽然极为罕见，但在地处热带、亚热带气候区的广西，树木包裹着石头、墙壁生长却是一种常见的现象。在喀斯特山区或老城区，常常可以见到根系发达的榕树等大树用它们强壮的根将石块、墙体包裹起来，形成"树包石头""树墙一体"的有趣景象。

　　重阳木属于亚热带树种，生性喜好温暖、湿润的气候环境和肥沃的土壤。常年流水不断的灵渠，正好为重阳木的生长提供了最佳的水环境。在空气温润的渠道边，重阳木加速生长，发达的根系不断延伸拓展。在延伸拓展中遇到石碑阻挡，于是便在悄无声息中实施着以柔克刚、以树吞石的战略……

　　沿灵渠古渠道行走，随处可见重阳木雄健的身姿。作为大戟科秋枫属落叶乔木中的一位成员，重阳木在广西主要分布于桂北地区。古人开凿灵渠后在渠道边广种重阳木，看中的不仅是重阳木冠盖如伞、刚劲挺拔的健美身姿，还有它们根系发达、利于水土保持的重要特性。可以说，灵渠历经 2200 多年风雨沧桑，渠道至今依然保存完好，也有重阳木一份功劳。

　　立在四贤祠的这株重阳木，因树龄最大而受到特别保护。管理人员长年对这株古树的生长进度进行监测，发现它如今依然在以三年一厘米的速度吞食着石碑。照这样的速度，两百年以后重阳木就可能将石碑完全吞入肚中。

拯救濒危膝柄木

　　提起"京族三岛"（即巫头、沥尾、山心三个小岛），许多人都知道那里是我国少数民族京族的聚居地，是广西防城港著名的滨海旅游胜地。去过那里的人们，都会对美丽的金滩、翻涌的海浪、悠扬的独弦琴有着深刻印象。

　　然而，许多人都不知道，在"京族三岛"还悄然生长着一种濒危珍稀树木——膝柄木。

　　班埃村是"京族三岛"一座风景秀丽的村庄，村里生长着许多大树，大家都能随口叫出这些树的名字。然而，挺立在村口的一株周身布满灰白斑点的百年古树却让他们感觉十分陌生，没有一个村民知道它的名字。

　　在村中老人记忆里，30多年前，这株高约16米、胸径0.7米的古树在一次暴风雨中遭遇雷击，断裂的树干顶端逐渐干枯。当村民们都以为这株古树厄运难逃时，树干断裂处竟然又抽出绿色新芽。从此，这株生命力顽强的古树在村民们心目中增添了一份神秘色彩。

　　2014年1月，防城港市一位热爱古树的市民谢绍添来到班埃村，出钱聘请专人护理这株神秘古树。从谢绍添口中，村民们得知古树名为膝柄木。

防城港市班埃村膝柄木古树

无独有偶。在"京族三岛"巫头村村口一片由数十株红鳞蒲桃古树组成的密林里，林业专家惊喜地发现了11株呈集群状态生长的膝柄木。其中，年岁最大的一株膝柄木树龄140多年。在此后的观察中，专家遗憾地发现，由于林木茂密、藤蔓丛生，有两株膝柄木幼树因缺少阳光和养分相继死去。

同样是在北部湾沿海地区，北海市铁山港区南康镇大塘村下担屯也生长着一株当地人叫不出名字的古树。古树树皮呈黄褐色，树根处有宽大的板根，因其树叶和杧果树叶相似，村民们便随口叫它"假杧果"。后来，当地林业局一位工程师到下担屯考察，吃惊地发现这株"假杧果"正是极度濒危的膝柄木！

广西沿海地带发现膝柄木的消息陆续传出，植物学专家纷纷前往考察并展开专题研究。

在班埃村，广西林科院专家细心观察被谢绍添认养的膝柄木，发现它的叶片形状、花枝数量、果实排列方式，与生长在巫头村、下担屯等地的膝柄木存在差异，果实形状也不完全相同。班埃村膝柄木果实的两端不是尖形而是钝圆形。

在确认它们的亲缘关系存在遗传差异后，生长在班埃村的这株膝柄木被专家认定为膝柄木的一个新种。考虑到谢绍添为保护这株古树作出了特别贡献，专家将这个新种命名为"谢氏膝柄木"。

经过多年的考察研究，广西植物学专家基本摸清了膝柄木的"家底"：膝柄木是卫矛科膝柄木属植物在我国分布位置最北的种，目前全国仅有12株野生膝柄木生长在北部湾沿岸。

北海市铁山港区膝柄木古树

国家林业局 2003 年在全国范围开展中国重点保护野生植物资源调查后，膝柄木被列入"中国野生植物受威胁定量评估等级"中的红色警报类，是"几乎绝迹"的高危等级。

把视野拓展到全世界，作为热带重要树种的膝柄木，目前以星散状态分布于印度、斯里兰卡、缅甸、泰国、菲律宾、印度尼西亚等国；每一个地方的分布区都相当狭窄。

分布于我国广西沿海地带的膝柄木，是膝柄木属植物家族在地球上生长地域最北的成员。

膝柄木为什么会选择在广西北部湾沿海地区扎根呢？

地处南亚热带气候区的广西沿海地带，具有季风明显、海洋性强、干湿分明、冬暖夏凉等气候特征。这里冬季盛行干燥寒冷的东北季风，夏季盛行高温高湿的西南季风和东南季风，年平均降水量达到 2000 毫米，且日照强，温度高。这样的"泛热带中温区"气候带，正是适宜膝柄木生长的环境。

随着人类活动的频繁、生态环境的变化，扎根于广西沿海地区的膝柄木数量日益减少，而且相互之间距离遥远，它们有可能凭借自己的力量繁衍壮大起来吗？

专家在对巫头村膝柄木群落进行调查时发现，自从这个膝柄木家族中最年轻的成员——两株高约 1 米的幼树不幸夭折后，再也没有更幼小的树苗问世。

显然，野生膝柄木的传宗接代出现了问题！

为了帮助膝柄木繁育后代，专家把从膝柄木母树上采集的 12 枚成熟种子栽种在花盆和沙池里。一个月后，这些种子竟然全部腐烂了。这是什么原因呢？

谢氏膝柄木

专家深入研究分析后发现，膝柄木种子外壳坚硬，淀粉含量高，导致它形成了不易发芽且极易霉烂的特点。此外，广西沿海几个分布点的膝柄木多以形单影只的状态生存，同一株树开花后只能进行单亲繁殖，自己给自己授粉，使得膝柄木基因退化，基本丧失了自然繁殖能力。这是造成膝柄木"后继无树"的重要原因。

科学研究告诉我们：一种野生植物的灭绝，会使与它伴生的 10 ～ 30 种生物受到牵连和影响，甚至会造成一些生物共同灭绝。为了挽救广西沿海地带极度濒危的膝柄木，专家着手进行人为干预，帮助膝柄木扩大种群数量和生长范围。

早在 2007 年，广西林业、植物专家便已开展膝柄木插条繁殖试验和种群复壮研究。经过多年努力，相继突破催芽、生根、成活等技术难题，上万株膝柄木幼苗在苗圃里茁壮成长。

温室里的幼苗，必须到大自然中经受风雨考验，最终才能长成强壮大树。如今，在广西林科院实验基地和南宁青秀山风景区，都可以见到膝柄木幼树挺拔的身姿。

2022 年 10 月，1000 株膝柄木幼苗整体移居钦廉林场。膝柄木，由此迈出了集体"野外回归"的坚定步伐！

由苦及甜"苦丁王"

"苦丁茶者，广西特产也，产于万承县苦丁乡……"民国年间，《辞海》中介绍苦丁茶时提到的"万承县"，就是如今的广西大新县。

苦丁茶，在古代被视为一种具有药用价值的饮品，俗称茶丁、富丁茶、皋卢茶等。据检测，苦丁茶中含有苦丁皂苷、氨基酸、维生素 C、多酚类、黄酮类、咖啡因等多种成分。初饮苦丁茶，会感觉清香中带着明显的苦味；苦后回甘，又能感觉到宜人的甘凉。苦丁茶具有清热消暑、生津止渴、利尿强心、润喉止咳等多种功效。

在苦丁茶主产地大新县龙门乡苦丁村，一株苦丁茶古树刚劲地挺立在村头。

苦丁村位于层峦叠嶂的小明山山脉深处。在这里，山坡上、村道旁随处可见苦丁茶树。在村头一片坡地上，一株树干粗壮笔直的大树鹤立鸡群般挺立在密林中。树前立着大新县政府镌刻的石碑，细读碑文可知：这株高28 米、腰围 2.53 米的苦丁茶树，树龄 320 多岁。

它是苦丁茶原产地幸存的年岁最长的一株苦丁茶母树，当地人称之为"苦丁王"。

在距苦丁王约 50 米远的坡下，生长着一株年岁不过几十年的苦丁茶公树。

"苦丁王"和它的管护人

据当地村民介绍，自打有了这株公树每年开花为"苦丁王"授粉，"苦丁王"果实的发芽率明显增加了。

苦丁村人以陆姓为主。据村民保存的"陆氏族谱"记载，陆氏祖上原本居住于广东南海，为躲避战乱，在北宋大中祥符年间（1008—1016 年）迁居到广西大新深山中。村庄原名皋屯，后来因所产的苦丁茶闻名于世，人们便干脆称之为苦丁村。

在苦丁村，对"苦丁王"身世最知根知底的人，要数 1913 年出生的陆焕奎了。据说，这株苦丁王就是他家祖上种植的。陆焕奎生前曾向家中后代讲述苦丁王的来历：这株苦丁茶树原来生长在深山里，与另一株苦丁茶老树相伴。有一天下暴雨引发山洪，老树被冲倒，小树成了"孤儿"。陆家人进山时发现此景，担心这株小树再遭厄运，就把它移植到村子里来。

风风雨雨 300 余年，小树苗在陆家和村民们的悉心护理下茁壮成长，如今已经成为苦丁茶树中年岁最长的"大王"了！

与"苦丁王"的身世同样令人感叹的，是当年苦丁茶两度成为贡茶的历史。

据民国年间《万承县志》记载，苦丁茶作为贡茶的历史可追溯至北宋皇祐五年（1053 年）。当时，在万承州小明山深处生长着许多被当地民众称为"苦丁"的大叶冬青树。当地人将树的嫩芽制茶煮水饮用，既生津止渴，又消炎利尿。

万承州有个土官叫许朝烈，特别善于巴结上司。一天，他品尝着从山里送来的苦丁茶，心中忽有所动：听闻外地不少官员都靠着向朝廷进贡土特产谋到了好官位，这苦丁茶可是"万承一绝"呀，何不搜寻来向上进贡？于是，他便令人进山，在苦丁村后山坡上找到一株老树，采集嫩芽，精心制作了一盒干茶，进献给当朝皇帝宋仁宗。

宋仁宗品尝后，感觉此茶入口苦涩，回味却有丝丝甘甜，而且提神舒心、健胃消滞的功效也相当明显，便下旨要万承州年年进贡。

源源不断被进贡到朝廷的苦丁茶，在京城很快成为时髦饮品。朝廷于是再次下旨，要万承州增加贡茶数量。

因献茶有功如愿升为州官的许朝烈这下犯愁了——搜遍苦丁村一带深山老林，所见茶树不过寥寥数株，实在难以满足朝廷需求。正在发愁之际，听说山里有株苦丁茶老树被雷电劈断，许朝烈灵机一动，马上上书朝廷，称山里的苦丁茶树已被天雷劈死，贡茶难以为继。生性仁慈的宋仁宗对此深信不疑，也便没有再追究。

不再作为贡品的苦丁茶，却在民间渐渐流行开来。明代著名医学家李时珍在《本草纲目》里对苦丁茶做了这样的描述："苦，平，无毒。南人取作茗，极重之……今广人用之，名曰苦登……煮饮，止渴明目除烦，令人不睡，消痰利水，通小肠，治淋，止头痛烦热，噙咽，清上膈……"

明代史书也记载了这样一个故事：明太祖朱元璋患有"结宫"（结肠炎）疾病，太医用了很多药，都没有明显疗效，便在全国广征良方。岭南有位草医听到这个消息后，献上"苦丁之方"。朱元璋服用苦丁茶后，果然有效。于是，万承苦丁茶再次被列为贡茶。

到明朝中期，山中苦丁茶树越来越少，贡茶数量难以保证，朝廷为此专派官员到广西太平府（今广西崇左市）催逼。万承州官于是下令苦丁村村民采集茶种，繁育种苗。

然而，苦丁茶母树的种子发芽率极低，繁育十分困难。无计可施的万承州官只得效仿当年许朝烈的做法，将一株枯死的苦丁茶老树运往太平府，称山中最后一株苦丁茶树已然枯死，无法再上贡茶叶了。

虽然两度成为贡茶，但是在封建社会，苦丁茶并没有给苦丁村人带来幸福。官府每年都要定期派人进山查看茶树生长状况，何时采茶，采茶多少，都要等官府指令。所采茶叶必须全部上缴，而且没有价钱可言。

清代末年，苦丁茶开始源源不断进入市场，在两广一带名声大振，连外国人也喜欢上了苦丁茶，在广州沙面十三行租界设点收购，每斤苦丁茶"换谷三十担"。有人因此形容苦丁茶叶"片片新芽片片金"。

民国年间，大新商人为拓展苦丁茶销路，想了不少点子。陆家人至今仍保存着民国年间万承"恒信"商行的一张老广告，上面显示："恒信"商行不仅为苦丁茶注册了"蝴蝶牌"商标，还为迎合世人"忌苦爱富"的心理，将苦丁茶改名为"富丁茶"；并通过苦丁茶的口感体验讲述"先苦后甜"的人生哲理。

二十世纪五六十年代，进山收茶的人渐渐少了，苦丁茶归于沉寂。终日与苦丁茶树为伴的村民们，也大多不太喜欢喝这种带苦味的茶。与苦丁王相伴的陆焕奎却与众不同，他每天

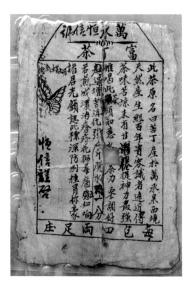

民国年间苦丁茶广告

苦丁茶

早餐后第一件事就是煮苦丁茶，饭后还要用茶水漱口。有村民嘲笑他："日子已经过得够苦了，还要天天饮这苦茶，真是自找苦吃！"后来，见陆焕奎身体十分健朗，不少人认为这是长年坚持喝苦丁茶的结果，便也跟着煮起茶来。

进入改革开放新时期，日子越过越甜的人们又开始思念起苦丁茶的"苦"。为了解决苦丁茶树果实发芽率低的问题，小明山林场技术人员另辟蹊径，利用"苦丁王"的枝条进行无性繁殖。

1985 年，扦插育苗获得成功。一片片苦丁茶树苗染绿了苦丁村一带的山头，并开始走出大新县，走出广西……

此前，曾有人嫌"苦"字不好听，提出把苦丁村改名为"富丁村"。随着苦丁茶树扦插育苗成功，大量进入市场，村里家家户户开荒种茶，一间间土屋变成砖楼，人们才欣喜地意识到：只有做大做强"苦丁"，才能真正变成"富丁"！

龙爪伴龙门

三条小河在黄姚古镇交汇，古民居的静态与流水的动态融为一体，构成一幅"小桥流水人家"的优美画卷。来到广西贺州黄姚古镇游览的游客，陶醉在人与自然完美融合的意境里，将古镇视为理想的"梦中家园"。

在姚江、小珠江交汇处，步入古镇老门楼，首先映入游客眼帘的是一株张牙舞爪的古榕树。也许是长年累月遭受风吹雨打，也许是想用自己的气生根汲取河道中清澈的流水，这株年岁850多年的雅榕以弯弓一般的身躯倾向水面。七八根已然干枯的枝干在一条条气生根的纠缠、包裹下，固执地倒垂在水面上。站在树下仰头望去，整株树仿若一条弓身扑来的巨大苍龙，刚劲的龙爪在人们的头顶上飞舞。

此情此景引发黄姚人的灵感，大家便叫它龙爪榕。

当有游客担忧干枯的"龙爪"会掉落下来砸到人时，当地居民总是会笑着安慰道："不用担心！我们从小就看见它们吊挂在那里。几十年过去了，它们一根也没有掉落。"镇子里一些老人甚至说，这些干枯的树枝已经在树上吊挂了200多年！

透过垂吊的"龙爪"往前望去，只见河对岸又挺立着另一株奇树。突兀的怪石旁，一株树龄与龙爪榕接近的

雨雾中的龙爪榕

　　古榕树以一种极度夸张的"S"形扭曲姿态盘踞在岸边。

　　　跨过始建于清朝乾隆年间的佐龙桥，来到桥头佐龙亭旁，细细观赏这株古榕树，只见粗壮的主干和一根由气生根包裹的支干默契地扭成两个"S"形，组成一个天然树洞。树根处，卧着一块酷似鲤鱼的顽石。黄姚人将这一奇景与"鲤鱼跃龙门"典故联系在一起。于是，这株古榕树得到一个气派的名字——龙门榕。

　　　挥舞着爪子的龙爪榕与扭曲着身子的龙门榕一高一低，隔河相望，好像在忠实守望，又好像在倾情交谈。

与古亭相伴的龙门榕

　　据史料记载，黄姚古镇已经有近千年历史。最早聚居在这里的是善于依山傍水谋生的壮族、瑶族民众。明朝万历年间，凭借临近湖南、广东而且水路交通便利的地理优势，黄姚古镇成为南来北往客商的必经之地。来来往往的客人都喜欢在幽静的黄姚歇脚。久而久之，不少人爱上了这片优美、宁静的山水，在此定居。黄姚成了远近闻名的商贸集市。

　　在古镇做生意的人们，注重人与自然和谐相处的经商之道。他们根据镇子里每一株古树的独特形态，编造出种种神奇故事，丰富着黄姚的商贸文化。

在古镇临河的一片坪地上，一株树龄 500 余年的古榕树在长年风吹雨打下逐渐倒伏下来，以一种横躺的姿态立在街边，仿佛要把来来往往的路人都拦截下来。

为了避免古榕树继续倒伏，当地人在树干中段立起一根仿真树桩，支撑起古榕树沉重的身体，并依据树干横躺的形态为它起了一个颇具诗意的名字——睡仙榕。

在睡仙榕周边开店的几位老板相当聪明，凭借令人啧啧称奇的自然景观为店铺营造文化情趣。有的将铺面起名为"睡仙阁"，有的贴出对联"景中有景慢慢

横躺在路中的睡仙榕

赏　台上高台步步高"。一位开餐馆的老板笑道："有这位'睡仙'帮忙揽客，我们的生意好了很多哦！"

沿着迷宫一般的街巷兜转一圈，回到龙爪榕附近时，一座始建于明嘉靖三年（1524年）的古戏台出现在眼前。在古镇居民记忆里，古戏台最热闹的时光是在抗日战争期间。

1944年冬季，日军入侵桂林，众多中共党员和民主进步人士向山区转移，许多文化界人士聚集到了黄姚。位于镇口的古戏台，很快便成为文化界宣传抗战主张的重要阵地。每当夜幕降临，锣鼓响起，戏台前、榕树下便会聚满从四面八方赶来的民众。以抗战为主题的话剧、活报剧在舞台上轮番上演，激发观众参与抗战、保家卫国的斗志。龙爪榕、龙门榕，因此又储存了一段抗战红色记忆。

我国著名科普作家高士其先生也曾来过黄姚。抗战胜利后，他创作的诗歌《别了，黄姚》至今依然在黄姚人口中流传：

别说我们住厌了旧村庄，
别说我们不喜欢小草屋，
在你温暖的怀抱里，
滴落了疏散人的泪珠。

如今，抗战胜利了，

我们得回去！

别了，黄姚，

——我们避难时的保姆！

……

梦境黄姚

"恋瑶"的粘膏树

在广西西北部幽深的大山里，生长着一种神奇的树。它的树汁，被一群自称"朵努"的山民用来绘制衣服上美丽的图案。"朵努"为瑶语，意思是"瑶族人的子孙"。

广西南丹县里湖、八圩两个瑶族乡，是"朵努"的家园。"朵努"的男子们，每人身着一条醒目的白裤子。于是，他们又得到一个形象的名字——白裤瑶。

大山里数百年封闭的环境，造就了白裤瑶人自食其力的生活习性。他们自己动手制作五彩斑斓的民族服饰，从种植棉花到纺线织布、描绘图案、蜡染绣花……三十多道工序全靠手工完成。繁复的工序中，最令人感觉新奇的是砍树取粘膏和绘图蜡染的过程。

里湖瑶族乡怀里村，是白裤瑶人聚居的村落。村庄周边，生长着许多树干膨胀的大树，远远看去，既像一个巨大的酒瓶，又像一位丰腴的孕妇。当地人把它叫作粘膏树。怀里村最老的粘膏树，据说树龄已经接近300年。

走近粘膏树仔细观察，会发现膨胀的树身上布满密密麻麻的刀疤树瘤，这是白裤瑶人取粘膏时留下的痕迹。当粘膏树长到几米高时，白裤瑶人就会用刀斧围着树干不断砍凿。被砍凿过的地方，会渐渐地分泌出黏稠的汁液。

随着树木一年年长大，树上的疤痕也一年年增多。

白裤瑶姑娘和粘膏树

砍树取粘膏

树皮中运输营养的筛管被砍伤后，不能沿正常渠道往上输送营养，大量营养物质在伤口部位堆积起来，导致细胞无序分裂，形成一个个树瘤。砍的次数越多，形成的树瘤就越多，树身也便膨胀得越厉害。一般砍凿树干取粘膏要邀请经验丰富的长者，以避免对粘膏树造成严重伤害。

一株初次被砍凿的粘膏树，只能分泌少量粘膏。随着树龄的增长和砍凿部位的增多，粘膏的产量也一年年提高。一株 50 年以上树龄的粘膏树，每年可以收获 10 到 20 千克粘膏。

柔软的粘膏有着琥珀一般美丽的色彩。在采回的粘膏里加入牛油，经过熬煮，就成了液体状的蜡料。这种蜡料具有良好的防水性能，所以专家又把白裤瑶人用粘膏制成的蜡料称为防染剂。

将蜡料融化为液体后，白裤瑶女子就可以用竹刀蘸上蜡料，在自家织成的白布上描绘各式各样美丽的图案。绘满图案的布料放入蓝靛染缸，染成蓝布；再将蓝布放入水中蒸煮，当图案上的蜡料融化后，洁白的图案线条就会在蓝布上清晰地显现出来；接下来，心灵手巧的白裤瑶女子飞针走线，将图案绣制得五彩缤纷。

白裤瑶女子衣衫上类似"田"字的美丽图案、百褶裙上彩色的花纹，都是这样描绘、染制出来的。

遍布白裤瑶山乡的神奇的粘膏树，学名究竟叫什么呢？

为了弄清粘膏树的真实面目，广西植物学专家曾专程前往南丹白裤瑶村寨考察，最终确认粘膏树的学名叫刺臭椿，是苦木科臭椿属一种树型高大的乔木。之所以

蘸着粘膏描绘图案

叫臭椿，是因为它们的叶片被揉碎后会发出一股难闻的臭味。先秦古籍《庄子·逍遥游》曾专门描述这种树，古人把它称为"刺樗"。

粘膏树的特性和形态如此奇妙，引起不少外地人将其移植的兴趣。

2001 年，一位上海房地产开发商专程来到南丹县里湖瑶族乡怀里村，高价购买了 4 株粘膏树。因种种原因，这 4 株粘膏树没能运走，只好就近栽种在乡政府附近的小广场边。结果，没有一棵粘膏树能够成活。

南丹县旅游局为了美化县城开发区环境，也曾经从白裤瑶村寨移植了 18 株粘膏树。不到半年，这 18 株粘膏树也全部枯死了。

于是，粘膏树在人们的眼里成了离不开白裤瑶的"恋瑶树"。

粘膏树只能在白裤瑶人聚居的山乡生长吗？答案自

然是否定的。

　　资料显示，除广西西北部白裤瑶人聚居的地区外，粘膏树还广泛生长于我国湖北、四川、云南等地。它们喜欢阳光充足的环境，在沙质、石灰岩等贫瘠的土地上也能生长。所以，许多地方都把刺臭椿作为绿化树、行道树来种植。

　　没有被砍凿过的刺臭椿不会分泌粘膏，树干挺直，树皮也相当光滑，在形状上和身躯膨胀的粘膏树很不一样。不明底细的人，常常会把它们当作两种不同的树。

　　那么，从南丹白裤瑶村寨移植出去的粘膏树为什么难以成活呢？广西林业技术人员分析后认为：白裤瑶人聚居于石灰岩山区，土层浅薄，泥土松散。在移植过程中，由于根部缺乏保护根须的土团且在长途运输中缺水受损，大树自然就难以成活了。

　　揭开神秘面纱的粘膏树，在白裤瑶人眼里依然充满了神圣色彩。因为，那是他们描绘美丽衣裙的生活之树，那是他们共生共存、不离不弃的生命之树！

白裤瑶姑娘穿着美丽的衣裙

城市地标

　　幸存于繁华都市，挺立于大街小巷，目睹社会风云变幻，见证城市发展进程。作为历史见证者的古树，在与人类和谐共处的漫长岁月里，成为城市绿色情怀的寄托、行进方向的标识。

微信｜抖音扫码

榕城古荫

　　许多人都知道桂林山水甲天下，却很少有人知道，古时候榕树众多的桂林曾被称为"榕城"，"榕城古荫"是桂林一处著名景观。

　　到桂林旅游的游客，都喜欢到榕湖岸边古南门前那株老榕树的树荫下闲逛、休息。立于老榕树前的碑石，记录了这株榕树的数据：高 18.6 米，胸径 1.62 米，冠幅直径 32 米，树龄 1000 多年。依此推算，早在唐宋年间，这株榕树便挺立在这里，与湖水、城门相依相伴。

　　在桂林遗存的众多著名景观中，榕湖之滨这株千年古榕树因为频频在名人的诗文中亮相，而被桂林人称为"结识名人最多的古树"。

　　早在宋代，这株榕树便出现在文人墨客笔下，并和当时一位著名文学家、书法家——黄庭坚结下缘分。如今，游览榕湖的人们会在古榕树附近湖面上看到一条仿古石船，岸边榕荫亭一侧所立的石碑上刻着"黄庭坚系舟处"六个大字。

矗立在桂林古南门前的千年古榕树

黄庭坚系舟处

　　黄庭坚是北宋著名的文学家、书法家，江西诗派的开山之祖。据史料记载，北宋崇宁三年（1104 年），因得罪奸臣而被贬官的黄庭坚被流放到广西宜州。心灰意冷的黄庭坚一路凄然南下，抵达桂林时，虽然备受官府冷落，却在风景优美的山水间燃起激情。悠然荡舟游览桂林山水的他，在榕湖边大榕树下系舟登岸，并挥笔写下《到桂州》一诗：

　　　　桂岭环城如雁荡，平地苍玉忽嶒峨。
　　　　李成不在郭熙死，奈此百嶂千峰何。

　　诗中赞赏桂林山水美如名山雁荡，感叹当时的著名画家李成、郭熙已不在人世，鲜有人能用画笔描绘出眼前峰丛林立、气势磅礴的山水画卷了。

　　南宋淳熙三年（1176 年），赴桂林出任广南西路经略安抚使的理学大师张栻十分敬佩黄庭坚的才华和品德，找到这位先贤当年系舟之处，请人在湖边榕树旁建起榕溪阁，供后来者凭吊、纪念黄庭坚。

　　四十五年后，南宋诗人刘克庄来到桂林，在榕溪阁中大发感慨，写下《榕溪阁》一诗：

　　　　榕声竹影一溪风，迁客曾来系短篷。
　　　　我与竹君俱晚出，两榕犹及识涪翁。

　　诗人面对荡漾于湖滨的"榕声竹影"，感叹自己和竹子都出生太晚，不如湖边那两株榕树幸运，能够结识大师涪翁（黄庭坚别号）。

　　到了明代，大旅行家徐霞客来到广西，于明崇祯十年（1637 年）五月初四这天开始游览桂林。在日记中，徐霞客也专门提到了自己穿过南门后见到的古榕树。

　　清代，古人用画笔描绘桂林风景，这株古榕树也随即出现在画家笔下。据史料记述，生长于桂林的画家朱树德于清同治十一年（1872年）前往杭州探望在当地做官的父亲。为了满足杭州朋友对桂林山水的浓厚兴趣，朱树德挥笔描绘了当时远近闻名的"桂林古八景"——桂岭晴岚、訾洲烟雨、东渡春澜、西峰夕照、尧山冬雪、舜洞薰风、清碧上方、栖霞真境。朋友欣赏后意犹未尽，朱树德又挥笔描绘了"桂林续八景"——叠彩和风、壶山赤霞、南溪新霁、北岫紫岚、五岭夏云、阳江秋月、榕城古荫、独秀奇峰，还为每一幅图画配了诗文。

　　在朱树德描绘的"榕城古荫"一图中，我们可以看到：两株大榕树傲然立于湖水之滨，另一株榕树则斜跨于城门之上。

朱树德手绘的"榕城古荫"图

在随图所附文字里，朱树德做了详细解说："榕城门在府治西，相传唐时筑门植榕一株，岁久根跨门外，盘错至地，若天成焉。郡人祀汉寿亭侯于上。明杨基诗'榕树城门却倒垂'，即此也。旧有楼，正德间御史张公钺题为应奎楼……今仍有榕树数株蟠地皆数十围……"

透过这段文字，我们得以知晓：当年挺立在古南门附近的榕树不止一株。正因为如此，城门前这片辽阔的水面才会拥有"榕湖"这样一个名副其实的名字。在桂林山水和街巷之间，苍劲的榕树更是随处可见，成为一处处充满诗情画意的景观，"榕城"之名也便由此而生。

在榕湖之滨挺立了千年之久的古南门，最终在抗日战争期间毁于日军侵略的炮火。抗战胜利后，桂林人重建古南门，将古城门遗留的石刻雕栏回归原位，而那株包裹城门的古榕树却永远告别了它的同伴。

饱经沧桑的黄庭坚系舟之榕虽然幸存至今，却也迈入了老态龙钟的暮年，一度出现树枝干枯、树叶稀落的现象。

最早公开关切这株古榕树命运的竟是桂林榕湖小学的一名小学生！这个每天上下学都要从古榕树荫里走过的孩子，发现大榕树树叶枯黄、树枝疏落，便给市政府领导写了一封信，述说自己的担忧，希望政府能出手"救救大榕树"。桂林市园林技术人员随即对这株古榕树采取紧急救护措施。在摇摇欲坠的枝干下立起钢管支撑，并在钢管外装饰一层仿真树皮，仿若一条条气生根支撑起古榕树苍老、脆弱的身躯。同时，撬开古榕树根部四周覆盖的水泥，以利于根系透气，促进根须生长。

2011 年，又有市民吃惊地发现：古榕树苍老的主干似乎出现了倾斜现象。

为防患于未然，园林技术人员一面为树根施肥，一面给古树"打吊针"输送营养液，刺激古榕树萌发气生根，以促成榕树"独木成林"的生态奇观。

如今，游客在美丽的榕湖边漫步，会欣喜地看到：10 多株移植而来的百年古榕树与千年古榕树相伴相守，在榕湖之滨组成一道更为浓郁、更为绵长的榕林景观。

"榕城古荫"再度焕发青春光彩!

民国年间拍摄的榕湖畔古榕树

邕城地标"大树脚"

在南宁白沙大桥靠近南湖的引桥边，挺立着两株古榕树。在南宁市区众多古树中，论年岁，这两株树龄220多年的榕树算不上最高。然而，论知名度，恐怕谁也不能和它们相比。

"大树脚"，以这两株古榕树为标志，是南宁人十分熟悉的城市地标。

如今的"大树脚"，比以往更显繁华、热闹。桃源路、双拥路两条城市干道在这里相交，通往广西医科大学、邕江和南湖的几条支路也在这里交会。当年的三岔路口，如今扩展成了七岔路口。在川流不息的车流、人流中，两株古榕树沉稳地立在岔道中央，既像两位德高望重的长者，又像两位忠于职守的交警。

历经220多年风雨沧桑，古榕树粗壮的主干已经满目疮痍。曾经刚劲挺拔、荫盖一方的大树，如今必须倚仗数十根钢柱的支撑，才能维系自己"巍然屹立"的高大形象。

然而，令人欣慰的是，在古榕树老朽的躯体上，一条条柔嫩的新枝抽发而出，茂密的绿叶显示着古榕树不甘衰老的生命活力！

当年，守护两株古榕树的是附近津头村的村民。如今的津头村，早已被高楼大厦"吞没"，成为南宁市区一座早已没有乡村味的"城中村"。村中老人们却依然喜欢像当年一样，围坐在已经被列为文物保护单位的雷家老屋门前，谈天说地，抚今追昔……

年过八旬的雷老记得，二十世纪二三十年代，津头一带还是十分荒僻的郊野，举目望去，四周尽是稻田、菜地和水塘。津头唯一醒目的标志物，就是立在路边的两株古榕树。

"大树脚"两株古榕树挺立在城市岔道中央

1986年的"大树脚"

在津头人心目中，这两株古榕树是村里人的守护神。他们认为，只要树的长势好，津头一带便会风调雨顺、人畜兴旺。为此，津头人立下"村规"：不允许任何人做出伤害这两株古榕树的事情。平日里，调皮的孩子们上树玩耍，也会马上被大人制止。

得到细心呵护的古榕树，长得枝繁叶茂。每到黄昏，众多鸟儿停歇在浓密的枝叶间，叽叽喳喳的喧闹声传扬四方，连邕江岸边的撑船人都能听得到。

邕江沿岸自古便有很多码头。临近津头的码头以货运为主，是钦州、灵山一带货船抵达南宁的主要停靠站。一艘艘货船将茶叶、烟叶、水果、布帛、海产等商品卸在码头边，由挑夫们一担担挑往城里。

荫凉的"大树脚"，因此成为往来客商、挑夫们歇脚的好地方。树下经常聚集着来来往往的人群，聊天、讲故事、谈生意，南腔北调在这里都能听得到。一些货物没等进城，在"大树脚"就能找到买主。

1929年，对南宁来说是很不平凡的一年。一场革命风暴在邕城酝酿、爆发。出生于津头村的中共广西省委领导人雷经天和地下党的同志们筹划武装起义时，经常将秘密会议的地点定在津头村的雷家老屋。津头，成为重要的红色据点。

广西一位党史研究专家曾经谈到一段往事：当年，从南宁城里前往津头开会的邓小平同志和其他外地地下党员，对郊外地形不熟。雷经天和联络员便反复告知他们：出城后，远远就能看到两株大榕树，朝着大榕树走，树下有人接应。

"大树脚"，成为中共地下党员辨识方向的最醒目的路标。

中华人民共和国成立后，一些曾经在南宁从事革命地下工作的老同志回到邕城，总要专程来到"大树脚"，追忆当年风起云涌的峥嵘岁月。

二十世纪五六十年代，随着南宁城区不断拓展，"大树脚"成为市区居民休闲娱乐的"小广场"。在大榕树的荫盖下，大人们或纳凉聊天，或摆摊卖货。孩子们有的蹲在书摊边看连环画，有的守着酸嘢摊咽口水，流连忘返。

有一年，广东粤剧团来南宁演出，喜爱粤剧的邕城人奔走相告。然而，南宁城里剧场太少，难以满足众多"粤剧迷"看戏的热切要求。于是，剧团决定举办露天演出专场。负责挑选演出场所的人员在南宁城内跑了大半天，最终相中面积宽阔、环境幽雅的"大树脚"。这以后，"大树脚"就成了各地剧团约定俗成的"露天戏台"。树下锣鼓一响，附近戏迷便蜂拥而至。

1992 年，两株古榕树面临一场"生死抉择"。这一年，南宁市动工修建白沙大桥。按最初的设计方案，引桥正好穿过两株古榕树生长的位置。"'大树脚'两株古榕树可能要被砍掉"的小道消息在邕城不胫而走。人们议论纷纷，许多人通过媒体等渠道倾诉心声，希望留下古榕树，保住"大树脚"。

民众强烈的呼声，让城市建设决策者意识到："大树脚"是南宁重要的历史文化地标，两株古榕树已经在邕城人民心目中深深扎根。于是，相关部门修改了设计方案，增加了 120 万元资金投入，让引桥拐弯，为古榕树让道。

然而，得到人类悉心保护的两株古榕树，却没能逃过风雨的无情摧残。2001 年 6 月的一天，一场暴雨过后，附近居民听到"轰"的一声巨响。出门一看，只见古榕树一根粗壮的枝干折断在地，断枝落叶铺满街面，"大树脚"一片狼藉。

"古榕断枝"事件发生后，相关人士从交通安全角度考虑，认为在这个终日车水马龙的交通要道口，不宜再保留两株"隐患重重"的古榕树。

是去是留？古榕树的命运再一次牵动邕城人的心。

在相关部门和媒体组织的讨论中，期望"留住古榕树，延续'大树脚'这个地标"的呼声明显占了上风。一位"老南宁"在接受记者采访时这样表达自己的心声：

"有着 1600 多年建制历史的南宁，在城市扩建中已经抹掉了太多的历史记忆，不能再留下更多的历史遗憾了！"

民心所向，再一次成为政府部门决策的重要依据。于是，园林部门组织专家会诊，精心制订抢救方案。伤痕累累的树干躯体用稻草层层包裹，定期浇水，营造湿润环境，促使古树继续生长。数十根钢管，从四面八方将两株老树牢牢支撑起来。为减轻古榕树的负担，延伸而出的长长的枝干也被一根根锯短，原本如巨伞一般荫盖四周的古榕树，被修剪成蘑菇一般的形状。

虽然修剪后的景观效果大打折扣，但是园林专家认为：为了确保安全，只能让两株古榕树牺牲自己原本潇洒优雅的姿容了。

曾经在津头一带最醒目的地标——两株古榕树，如今身处高楼大厦的重重包围之中，已经不再显得高大伟岸，不再成为过往路人关注的目标。然而，它们依旧不卑不亢地挺立在大路中央，在人来车往的喧闹中，默默奉献着沁人心脾的绿意与清凉。

劫后余生喙核桃

　　进入柳州市马鹿山公园游览、健身的人们，每当经过湖水边那株喙核桃"树王"身旁，总要放慢脚步，仔细观察它的生长状态，默默祝福劫后余生的"树王"旱

劫后余生的喙核桃"树王"挺立在柳州市马鹿山公园湖畔

日恢复当年在大山里的潇洒姿态。

号称"树王"的它，究竟有着怎样曲折的身世，让人们如此关注？

追根溯源，这株喙核桃树原本逍遥自在地生长在广西鹿寨县拉沟自然保护区密林里。当时树龄305年的它在当地喙核桃树中年岁最大，人们便把它称为"树王"。

2013年4月20日傍晚，鹿寨县森林公安局响起急切的电话铃声。知情人报案：一群人正在盗挖喙核桃"树王"！警方赶到现场时，眼前只剩下一个被挖开的大土坑和满地的残枝落叶。"树王"早已无影无踪。

依据调查发现的蛛丝马迹，警方立即跨省追踪，辗转3000多千米，最终在贵州省贵阳市一座私人苗圃里找到了被盗卖至此的"树王"。

遭遇劫难的"树王"，终于在当年10月31日回到柳州。人们痛心地看到：历经粗暴盗挖和长距离转手倒卖，原本枝繁叶茂的"树王"被砍得只剩下光秃秃的主干。灰褐色的树皮脱水严重，布满裂纹，被砍断的树根，有将近三分之一的部位已经坏死腐烂。

园林技术人员对"树王"进行全面诊断后沉痛地宣布：这株喙核桃树已经奄奄一息，如果把它运回原生地，在缺乏管护的野外环境中很难再存活下来。

于是，"树王"被留在柳州市马鹿山公园，由当地园林技术人员承担起艰巨的救治任务。

说起喙核桃树，许多人都会感到陌生。它和人们熟悉的核桃有着怎样的关系呢？

在我国，自汉代张骞通过西域丝绸之路带回的优良核桃品种在国内推广种植以来，核桃便开始被更多的人所认识，并取名"胡桃"，人们大多以为它是一个外来品种。

其实，依据现代植物学研究成果和考古发现，我国不仅是核桃的原产地之一，而且种类相当丰富。据统计，生长于我国的胡桃科种类多达9属72种，广泛分布于华南、华北和西南、西北地区。

在众多胡桃科品种类中，喙核桃因果实头部酷似尖尖的鸟喙而得名。与核桃不同，喙核桃在我国较为少见，仅分布于广西、贵州、云南等西南部地区。它们既是新生代第三纪的孑遗物种，又是胡桃科特有的单种属物种，十分珍稀。

当年在柳州市马鹿山公园移植被盗喙核桃古树时的情景

救治后的喙核桃古树恢复生机

1999 年 8 月，喙核桃树被列为我国二级保护野生植物。2021 年 9 月，国家林业和草原局、农业农村部发布的《国家重点保护野生植物名录》将喙核桃列为二级保护野生植物。在《世界自然保护联盟濒危物种红色名录》中，喙核桃树评估级别为"濒危"。

在柳州市马鹿山公园，经验丰富的园林技术人员对濒危的喙核桃"树王"进行全面体检。他们用放大镜仔细观察根部伤情后，心情沉痛地感叹：树根就像是树的嘴，是大树用来呼吸、吃饭的重要器官。现在树根烂了，营养传输渠道也就断了。

鉴于"树王"伤情十分严重，技术人员无奈叹息："这株喙核桃树能不能在我们的帮助下活下来，要看它自身的生命力是否顽强了！"

为了救治奄奄一息的"树王"，技术人员首先做了三件事：营造适合的生长土壤，修复、医治受损的树根和树干，制定切合实际的种植维护方案。

对移植树木来说，新环境的土壤是否适宜它的生长特性决定着树的生死。喙核桃树最怕积水，而公园里的普通泥土透水性、透气性都比较差，容易产生细菌，加重根部腐烂。为此，技术人员在树坑底部填入碎石、沙子，开挖排水沟，为"树王"营造起一个湿度适宜的"安乐窝"。

伤痕累累的树皮，是"树王"亟待医治的第二大病患。树皮上的伤痕会使树干形成空洞，阻断水分、营养输送，降低树的成活率。技术人员用刀具小心翼翼地清除受损树皮，清理伤口污垢，涂抹具有粘合防水作用的环氧树脂。同时，喷洒杀菌、消毒、防虫药剂。

在救治过程中，有人提出要尽快为"树王"施肥。然而，经验丰富的技术人员深知"虚不受补"的道理。这株喙核桃树身体已经相当虚弱，如果过度施肥，或者使用太多农药，效果可能适得其反。

为此，技术人员和园林工人制订了详细的日常维护计划。每天浇水、施肥的时间和用量，都要依据不同的日照、气候和湿度进行调整，做到适时适量。

精心养护一年后，"树王"的树干顶端开始萌发一团团绿色新芽。进公园游览的人们欣喜地奔走相告："树王"活了！

终日守护"树王"的技术人员却依然双眉紧锁。经验丰富的他们知道，大树自身体内蓄积着不少营养，在没能发出新的根系时，它依然可以凭借原本蓄积在体内的营养抽枝发芽。这种现象被植物专家称为古树的"假活"现象。

经过几个月的精心维护，"树王"的枝叶更为茂密。这时，技术人员的脸上才开始露出笑容。他们意识到："树王"已经生出新根，开始凭借自己的根须汲取养分了！

2017年7月，技术人员刚刚放松的心情又开始紧张起来。他们在日常维护中吃惊地发现："树王"开始大面积落叶！

经过观察、诊断，很快发现了罪魁祸首——有白蚁爬到"树王"头顶啃食树汁，部分树干已经出现溃烂现象。

于是，他们迅速喷洒杀虫剂和促进伤口痊愈的药物。

白蚁、天牛是危害古树的天敌。为了抑制这些害虫扩散，人们在公园里安装诱杀害虫的灯光装置，还定期为"树王"涂抹驱虫剂、保护剂。

眼看着"树王"一天天恢复生机，技术人员在欣慰的同时感觉到在公园湖水边的"树王"实在太孤单了！就像人类必须合群生活一样，植物也必须在生长过程中组成群落，通过互惠互利、取长补短，形成适合群落共同生存的最佳生态环境。

为了了解喙核桃树在大山里的生活环境，寻找喙核桃树的"伴生朋友"，技术人员来到"树王"的家乡——拉沟自然保护区考察。

保护区内大树林立，溪水潺潺。在喙核桃树的生长群落中，比较常见的树木有水冬瓜、台湾林檎等。

回到柳州，技术人员开始着手为"树王"营造大家庭的感觉。老人葵、洋紫荆等树木率先成为"树王"的邻居。培育蕨类植物和喙核桃小树苗的计划也在实施当中。

让我们祝福劫后余生的"树王"健康平安吧！

掉落的两颗喙核桃果核

重振雄风"苏铁王"

苏铁，被植物学专家称为"地球现存最古老的种子植物"。然而，在南宁这座亚热带城市里，它们早已不是罕见的植物了。漫步邕城，在公园里，在庭院中，甚至在人们住宅楼的阳台上，我们都能见到苏铁的身影。

尽管常见，但位于青秀山凤凰岭西坡的苏铁园，依然是游客们钟爱的一座园林。在上百亩的山间坡地里，徜徉于上万株或苍劲挺拔或清秀飘逸的苏铁之间，感受这些"活化石"生命的活力，感受由这些种子植物呈现出的两亿年前侏罗纪的生态情景，是多么神秘、多么惬意！

在上万株苏铁中，最吸引游客眼球的，自然是位于园林中心位置的那株树龄1360多年的苏铁王啦！

高约8米、胸径1.2米的"苏铁王"，在几株姿容同样苍老的苏铁簇拥下傲然挺立，尽显王者风范。贴近这位王者的身躯细细观赏，只见粗糙的树干上布满青苔、黄斑，和干枯朽木没有多大区别。然而，抬头仰望，却见树顶青翠的羽叶生机勃勃地伸展开来，自信满满地展示着生命力的顽强。

细读树旁图板上的文字介绍，可知青秀山苏铁园建

游客倘佯于南宁青秀山苏铁园

耸立于苏铁园的"苏铁王"

园于 1998 年。园中上万株苏铁广泛采集于广西以及全国各地，种类 40 多个。其中，既有广泛分布于我国云南及东南亚地区的形态经典的篦齿苏铁，也有 1997 年才被园林专家在广西西部山区发现的濒危种德保苏铁；既有隐姓埋名长达两亿年之久的多歧苏铁，也有至今尚未发现雄性植株的四川苏铁。

雄立于园中的"苏铁王"，又有着怎样的来历呢？

苏铁王是在建园初期发现的。1999 年，园林技术人员前往广西南部十万大山地区寻找适合移植入园的苏铁时，在一个苗圃里与一株形态极度苍老的篦齿苏铁不期而遇。当时，这株老树已经被当地村民在移植中弄得遍体鳞伤，奄奄一息。

抱着拯救老树的一线希望，技术人员小心翼翼将它移植到青秀山苏铁园中，并迅速采取抢救措施，对树体伤口进行消毒处理，按照篦齿苏铁的生长特性进行营养补给和日常养护。

虽然得到专业技术人员的精心护理，但是在移植后长达一年多时间里，这株苍老的苏铁依旧是一副死气沉沉的状态。入园参观的游客纷纷叹息，认为这株老树已经"死了"。

虽然苍老的苏铁状况不佳，对它的救治行动却没有停止。凭借丰富的植物学知识以及对苏铁生物特性的了解，园林技术人员始终心存希望。他们知道，苏铁之所以能够跨越上亿年时光，在漫长的植物进化和残酷的生物淘汰历程中成为胜者，正是得益于它所具有独特的求生特性与本领。这些特性和本领帮助苏铁挺过一次次劫难，迎来一次次新生。

仔细观察便会发现，这株苍老苏铁的主干在一米多高的位置曾经分出两条主要枝干，其中一条因腐烂早已被锯掉，剩下的枝干树皮也剥落得相当严重。

俗话说："人怕丢脸，树怕剥皮。"一般情况下，树皮严重受伤的树木会因为失去营养与水分的输送通道而死亡。然而，苏铁却拥有一项"自我疗伤"的特殊功能，它们的树皮即便被剥去三分之二，依然能够再度长出新皮，延续自己身体的"命脉"。

苏铁体内还含有丰富的淀粉和水分，以及大量可促进伤口愈合的分生组织细胞。在生长过程中，能够凭借自身养分促进树体伤口愈合。

休眠，是一些动植物抵御不良生态环境、保存生命力和繁殖力的一种生态特性。苏铁，便拥有这样的特性。在气候条件和生长环境变得恶劣时，苏铁会自动停止生长，进入休眠状态，其休眠时间甚至可以持续数年之久。一旦环境改善，休眠的苏铁便会自动苏醒过来，继续自

苏铁与硅化木

己生长的旅程。

苏铁的名称，正是来源于它具有的苏醒功能。

苏铁名字中的"铁"字，也有着独特的来由。苏铁在生长过程中，需要吸取丰富的铁元素。园林技术人员在养护过程中得出这样一条经验——每当苏铁叶子发黄，那就是它在向人们发出体内"缺铁"的信号了。

在园林技术人员耐心、细致的科学护理下，这株历经劫难的苏铁终于逐渐修复自己的伤病，苏醒过来，萌发出翠绿的新芽。

接下来要弄清楚的一个问题是：这株满目沧桑的苏铁究竟有多少岁？

通常，人们可以通过测量树体中一环环年轮来确定一株树的树龄。然而，这一方法对苏铁却并不适用。因为，苏铁的树干相当特殊，完全观察不到年轮！

那么，该依据什么来获知苏铁的年龄呢？

植物专家发现，苏铁每过一两年便会长出一轮叶片，叶片脱落后会留下叶痕。可是，树体上层的叶痕比较明显，下层的叶痕却因为长期相互挤压，很不清晰。所以，在计算苏铁树龄时，树体下部的一圈叶痕应该计数为五至八年。再往下到根部，苏铁的叶痕就更难以用肉眼观察了。因而，检测苏铁老树的树龄，还要结合它的高度及其他一些生态状况，通过综合对比进行估算。

2009年，科研人员结合多种方法测算后得出结论：苏铁园中这株老年苏铁的树龄已然有1350多年！青秀山园林技术人员查阅相关资料，发现无论在树龄还是在树体大小上，这株苍老的苏铁都堪称"全国第一"。于是，它得到一个响当当的名字——苏铁王！

漫步于苏铁园中，除了满目苏铁的婆娑多姿，还有另一道独特景观令人称奇，那便是形态奇异、体形硕大的苏铁花。

在我国北方，流传着这样一句俗语："千年铁树开了花，万年枯藤发了芽。"以此形容世上难以发生的现象、难以见到的情景终于现身。这句俗语，在我国长江以北地区确实相当贴切。因为，北方地区不论是日照还是积温均难以满足苏铁开花的需求，苏铁开花现象在北方十分罕见。

然而，到了华南地区，这句俗语就完全不适用了。以种植于南宁青秀山的苏铁为例，这里树龄10年以上的苏铁几乎每年都会在5月至8月间开花。

苏铁是一种雌雄异株植物。然而，从植株形态上，人们完全看不出它们的差别。要知道一株苏铁是雄是雌，必须等到开花时才能一目了然。

苏铁的雄花由许多小孢子叶组成，形体呈长椭圆形，如同一根巨大的玉米棒，傲然挺立；雌花则为扁球形，好像一棵卷心菜，环抱着一颗颗种子，安然而卧。

那么，"苏铁王"究竟是雄是雌呢？

这个存在于园林技术人员脑海里的疑问，一直到2011年才得到答案。这年6月，生机盎然的"苏铁王"终于长出3个长椭圆形花蕾。经媒体报道后，众多游客闻讯而来，围着"苏铁王"大发感慨，赞叹这位王者重振雄风！

苏铁雄花

苏铁雌花

菩提本无树

菩提树，是榕树的近亲，也属于桑科榕属乔木。菩提树的长相，和榕树十分相似，都有着高大挺拔的躯干、发达的根系和舒展的树冠。它们之间比较明显的区别体现在叶片上——菩提树的叶片较大较厚，呈三角状卵形，叶脉清晰凸起；榕树的叶片较小，呈椭圆形，叶脉也比较浅。

榕属植物的名称，大多带有一个"榕"字——榕树、高山榕、聚果榕。同为榕属的菩提树，怎么会得到一个饱含佛教色彩的名字呢？

菩提树原产地为印度。在印度梵文里，"菩提"的意思是觉悟、智慧，形容人们达到一种豁然开朗、顿悟真理的意境。相传，佛祖释迦牟尼当年就是静坐在菩提树下悟道成佛的。所以，菩提树又被称为思维树、圣洁树。

据考证，菩提树是随同佛教一起传入中国的。在我国，树龄数百年的菩提树大多生长在幽静的寺院里。

在广西贵港市城南的著名佛寺南山寺，就生长着一株树龄500多年的菩提树。

静卧于城郊狮山脚下的南山寺，始建于唐朝武德年间，距今已有约1400年历史。被誉为"南山一宝"的

贵港市南山寺内一株树龄500多年的菩提树

菩提树，就挺立在寺院甘液池旁边。

历经 500 多年风吹雨打，这株菩提树如今依然生机勃勃。树高达到 21.8 米，胸径 1.4 米，遒劲的枝干、碧绿的树叶与朱红色的寺院交相辉映。

据当地文献记载，这株菩提树的来历，与广州光孝寺一株菩提古树有着密切关系。

南朝梁天监元年（502 年），印度高僧智药三藏乘船漂洋过海抵达广州。在广州光孝寺传教时，智药三藏将随船携带的一株菩提树苗种植在寺内大殿前。这是目前史料记载中最早移植到中国的一株菩提树。

菩提树生命力强盛，既可以取种子培育，也可以折枝条扦插。于是，人们又将光孝寺菩提树的枝条种植到广东曲江南华寺中。

南山寺这株菩提树，据传也是光孝寺那株菩提树的后代。清康熙二十二年（1683 年），当地诗人曾绍箕在《南山即景》一诗中写道："行看池畔菩提树，灵鸟枝头学梵音。"由此可见，早在 340 年前，生长在南山寺甘液池畔的这株菩提树就已经树影婆娑，成为当地著名一景了。

在清末和民国年间出版的《贵县志》里，描述了这样一段往事：生长于南山寺的菩提树"高约数丈，古干丫枝，叶大如掌"。每到树叶快要掉落时，寺中僧人便将叶片摘下来，用水浸泡数日，去除青绿色汁液，制成一片片脉络清晰、轻薄如纱的"叶脉纸"，在上面抄写经文。这些"叶脉经文"既有情趣，又可避虫，很受民众喜爱。

佛寺，在人们心目中是个神秘的地方。种植在寺院中的菩提树，也就充满了种种奇幻传说和神秘力量。

　　在南宁树木园（南宁良凤江国家森林公园），就挺立着一株身世来历被传得神乎其神的菩提树。

　　走进树木园大门，沿林荫道步行不过一百来米，一株菩提树就在香烛的烟雾缭绕中现身了。

　　有关这株菩提树神秘力量的传言，引来了不少香客。一些香客敬香祭拜后意犹未尽，又到附近香烛摊购买印有"步步高升""财源广进""学业有成"等字样的祈福条，捆绑在菩提树枝干上。苍劲的老树披红挂彩，被装点得像一位"跳大神"的师公。

南宁树木园菩提树前的祭拜者

一些成绩不如意的学生从市区专程赶来，到菩提树下烧香，祈求保佑。这些现象，引得老师连声感叹："平时不用功，考前'抱佛脚'。这样的做法，怎么可能实现自己的理想呢？"

有关这株菩提树的来历，民间一直流传着"何年何月何人栽种不可考证"的神秘说法。

那么，这株菩提树究竟由何而来呢？

一位在南宁树木园工作了数十年的退休职工向记者介绍了这株菩提树的来历。

20世纪60年代初，良凤江还是一片荒野，举目望去，四处都是光秃秃的山坡。后来，政府决定在良凤江这个有山有水的地方建一个供人休闲游览的植物园。

为完成这项重要任务，一批林业技术人员和知识青年离开城市，来到良凤江这片不毛之地，立志要用自己的双手把荒坡野岭变成绿意盎然的森林公园。

为了改变良凤江植物品种单一的状况，技术人员每年都要到外地去采集新树种。1965年，一根从云南带回来的菩提树枝在良凤江生根发芽。

当这株菩提树长到一人多高时，发生了意外：菩提树被一辆路过的马车撞断。刚开始，大家都以为这株小树难以存活，叹息不已。没过多久，菩提树的断口处竟然萌发出两颗嫩芽！

在技术人员和园林工人的精心护理下，这株扦插成活的菩提树终于长成伟岸大树！

解开了身世之谜的菩提树，在人们眼里顿时失去神秘色彩，却显得更加可亲可爱。它雄壮的身姿，展示的不再是玄奥与神奇，而是一代代林业工作者令人尊敬的奉献精神！

　　遥想当年，佛祖释迦牟尼在菩提树下静坐冥思七天七夜，终于大彻大悟。菩提树由此在信奉佛教人士的心目中有了崇高的象征意义。多少年来，人们写诗作文，吟诵、解读菩提，探寻人生要义。其中，在我国流传最广、影响最大的作品，当属唐代禅宗大师六祖慧能的一段著名偈语：

　　　　菩提本无树，明镜亦非台。

　　　　本来无一物，何处惹尘埃。

　　后人对六祖慧能这段偈语有各种各样的解读。细细琢磨，我们可以从中悟出这样一个道理：如果一个人不思进取，将不劳而获的祈求寄托在菩提身上，那么，任你烧再多香，叩再多头，往树上系再多祈福条，结果也只能是"竹篮打水一场空"。

"五子登科"催生圣文园

由梧州市区出发，过西江，穿隧洞，进入幽静山谷。绿树丛中，一座古朴的山门悠然而立。门旁石柱上，刻着"圣文园"三个飘洒大字。

穿过山门，沿石阶路蜿蜒前行，远远便见到一株高30余米、树龄220多年的大果樟，如巨人一般挺立在山谷中。

大果樟又名米槁，主要分布于广西西部和云南东南部。它和常见的香樟树同为樟科樟属常绿乔木，都可以用于提取樟脑、龙脑等挥发油。这种以"大果"命名的樟科植物，果实有着独特的药用价值。大果樟果实中含有制作珍贵药材冰片的原料，中医还将大果樟果实视为解酒、顺气的良药。

在野外，人们见到的大果樟长得笔直挺拔，形态有点像杉木。然而，扎根于梧州圣文园的这株大果樟展现的却是另一副奇特形态——五枝并立。依据这一形态特征，当地人给它起了一个形象的别名——"五子登科"。

成语"五子登科"讲的是五代后周时期燕山府一户窦姓人家广行善事、教子有方，家中五个儿子全部品学兼优、登科及第的励志故事。

挺立在山谷中的"五子登科"

　　梧州这株以"五子登科"命名的大果樟又有着怎样的来历呢?

　　仔细观察,会发现这株四个成人方能合抱的粗壮大树,在大约两米高的位置抽发出五根粗壮枝干,犹如五个抱成一团奋发向上的孪生兄弟。贴近树根抬头仰望,又会感觉巍然挺立的五根枝干像是巨人的五根手指,齐刷刷怒指蓝天。

　　常见的大果樟,只有一根笔直的主干。眼前这株大果樟怎么会在长到两米高时突然改变正常生长形态呢?

　　当地园林技术人员分析,这株大果樟当年在生长过程中曾因不明原因被折断,无法按常态继续生长。在体内旺盛生命力的激发下,不甘屈服的大果樟在树干断裂处萌发出五根枝芽,继续自己奋力向上的生命旅程。历经 200 多年风雨,这株遭遇挫折的大果樟终于长成如今"五枝并立"的形态。

　　形态奇特的大果樟,催生着当地人丰富的人生联想。久而久之,"五子登科"这个既形象又富含儒家文化意蕴的典故便与大果樟结缘,在梧州西江两岸广为传扬。

　　"五子登科"的典故蕴含劝世励志、因果报应的寓意。流传于梧州的有关这株"五子登科"来历的民间传说,却要凄婉得多。

　　相传,西江岸边居住着一对艰辛谋生的农家夫妻,人到中年仍然膝下无子,饱尝世态炎凉。于是,夫妻俩进山祭拜求子,在山林中顶风冒雨跪了整整七天七夜。夫妻俩的诚心终于感动上苍,他们跪拜的地方长出一株五枝并立的树苗。回去后,妻子随即怀孕,一胞五胎。五个儿子从小发奋读书,长大成年后,全都金榜题名。

"五子登科"的五根粗壮枝干像五个抱成一团奋发向上的同胞兄弟

在古树下玩耍的年轻人和孩子

随着梧州版"五子登科"民间故事的流传，深藏于山谷中的这株大果樟也名声远扬，成为人们崇拜的偶像，前来焚香祭拜、祈求"早生贵子"的善男信女络绎不绝。

名声大振的"五子登科"，也引起了梧州市园林部门技术人员的关注。2010年7月，"五子登科"粗壮的躯干挂上了古树保护牌。

2013年，园林技术人员在例行检查监测中发现"五子登科"根部有白蚁活动踪迹，立即请来白蚁防治人员会诊，结果吃惊地发现——"五子登科"粗壮的根部已经被白蚁悄悄蛀出一个大洞！

经过紧急救治，根部的白蚁被彻底清除，"五子登科"转危为安。为避免这株古树再遭厄运，园林技术人员为它安装了白蚁监测仪。同时，禁止游客在树下随意焚香。

如今，依然有不少游客到"五子登科"前祈愿。祈愿的内容已经不再是"求子"，而是期待自己或孩子要像传说中的"五子登科"一样，努力读书，奋发向上。

"五子登科"所处的山林成为园林部门树木苗圃培育基地后，生态环境有了明显改善。基地内生长的植物品种有470余种，既有像"五子登科"这样的百年古树，也有众多从外地引进的新树种。

早在十多年前，当地便有人利用苗圃的绿色资源建起农家山庄，吸引市内游客前来郊游、烧烤。小打小闹的"山庄游"难成气候，也存在安全隐患。梧州市园林部门论证后决定因势利导，打造一座管理规范的森林公园。

绿色林地在梧州市郊比比皆是，处于偏僻山谷中的这座森林公园，要凭借怎样的亮点来吸引游客呢？

园林设计人员的目光聚焦于"五子登科"身上。论造型，这株古树相当奇异，能引发人们浓厚的观赏兴趣；论韵味，这株古树的传说在人们心目中有着特殊的历史文化内涵。何不以这株大果樟为中心，打造一座饱含儒学文化韵味的生态公园呢？

于是，围绕着"五子登科"，山谷中相继建起孔子祠堂、金声玉振牌坊、七十二贤人故事石壁画廊等人文景观。圣文园，在梧州市名声渐响。

2012年6月，梧州市植物园正式落户园区。园林技术人员引种、驯化当地乡土树种和外来树种，相继营造起树木园、棕榈园、茶花园、万竹园、萌生园等园区。

圣文园，成为梧州市一片珍贵"绿肺"。

造型奇异、意蕴丰富的"五子登科"，在催生一座生态公园的同时，也催生着人们对优秀传统文化的尊崇，催生着人们在人生旅途中努力拼搏、积极进取的精神力量。

后记

一群古树，终于将和读者见面了！

在龙胜花坪神秘的原始丛林，在猫儿山云雾飘渺的漓江之源，在十万大山清泉奔涌的幽深沟谷，在古镇老村宁静的街头巷尾……我曾走近一株株古树，用自己的心灵和这些令人敬畏的长者对话，在追溯古树身世的采访中了解社会风云的变幻，寻找风雨沧桑的痕迹，感受人与自然和谐相处的意境。

古树们的传奇得以结集出版，亮相于读者面前，凝聚着许多人的智慧与努力。在这里，我要对广西林业部门科技人员和数不胜数的护林爱树的人们表达深深的敬意，正是他们长年累月、坚持不懈的守护，挺立于八桂大地的众多古树名木才得以健康生长；我要对《广西日报》"花山"副刊和《广西林业》杂志的传媒同仁表达真诚谢意，他们持续不断的鼓励与支持，为我的探寻古树之旅提供了连绵不绝的动力。

广西，是一座资源丰厚的绿色宝库。"自然广西"丛书，恰如一把进入绿色宝库的钥匙。让我们手持钥匙，打开自然之门，去探索挺立于八桂大地之上令人惊叹的壮美与神奇吧！

罗劲松

2023 年 6 月